U0268236

青少年编程能力等级
团体标准汇编

全国高等学校计算机教育研究会 编

清华大学出版社
北京

内 容 简 介

本书汇编了全国高等学校计算机教育研究会研制的《青少年编程能力等级》团体标准第 1～5 部分，第 1 部分：图形化编程；第 2 部分：Python 编程；第 3 部分：机器人编程；第 4 部分：C++编程；第 5 部分：人工智能编程。

图书在版编目（CIP）数据

青少年编程能力等级团体标准汇编/全国高等学校计算机教育研究会编. —北京：清华大学出版社，2023.9
ISBN 978-7-302-63183-5

Ⅰ. ①青⋯　Ⅱ. ①全⋯　Ⅲ. ①程序设计－标准－汇编－中国－青少年读物　Ⅳ. ①TP311.1-49

中国国家版本馆 CIP 数据核字（2023）第 052619 号

责任编辑： 袁勤勇　杨　枫
封面设计： 刘艳芝
责任校对： 郝美丽
责任印制： 刘海龙

出版发行： 清华大学出版社
　　　　　网　　　　　址：http://www.tup.com.cn, http://www.wqbook.com
　　　　　地　　　　　址：北京清华大学学研大厦 A 座　　　邮　　编：100084
　　　　　社　总　机：010-83470000　　　　　邮　购：010-62786544
　　　　　投稿与读者服务：010-62776969, c-service@tup.tsinghua.edu.cn
　　　　　质　量　反　馈：010-62772015, zhiliang@tup.tsinghua.edu.cn
　　　　　课　件　下　载：http://www.tup.com.cn, 010-83470236
印　装　者： 北京同文印刷有限责任公司
经　　销： 全国新华书店
开　　本： 210mm×297mm　　　　**印　张：** 5.75　　　　**字　数：** 182 千字
版　　次： 2023 年 10 月第 1 版　　　　**印　次：** 2023 年 10 月第 1 次印刷
定　　价： 39.00 元

产品编号：093272-01

前　言

为了响应国家关于人工智能发展与人才培养的政策，深入贯彻《新一代人工智能发展规划》《中国教育现代化 2035》中关于青少年人工智能教育的相关要求，推动青少年编程教育的普及发展，为国家培养人工智能后备人才，全国高等学校计算机教育研究会联合全国信息技术标准化技术委员会教育技术分技术委员会，组织研制了《青少年编程能力等级》团体标准，旨在规范和指导青少年编程教育、培训和能力测评，通过学习计算机程序设计，培养青少年的计算思维能力，使青少年能够从编程开始，循序渐进地了解和应用人工智能技术，为成为人工智能时代的复合型人才打下良好的基础。

本书由以下 5 部分组成：

— T/CERACU/AFCEC/SIA/CNYPA 100.1—2019 青少年编程能力等级　第 1 部分：图形化编程；

— T/CERACU/AFCEC/SIA/CNYPA.100.2—2019 青少年编程能力等级　第 2 部分：Python 编程；

— T/CERACU/AFCEC 100.3—2020 青少年编程能力等级　第 3 部分：机器人编程；

— T/CERACU/AFCEC 100.4—2020 青少年编程能力等级　第 4 部分：C++编程；

— T/CERACU/AFCEC 100.5—2022 青少年编程能力等级　第 5 部分：人工智能编程。

《青少年编程能力等级》团体标准的意义在于，解决目前青少年编程教育培训领域尤其是课外培训领域，阶梯型目标指引缺乏、培训内容良莠不齐、各种考级令家长和学生眼花缭乱疲于奔命等问题。通过规范教学内容，可以引领行业按照符合青少年学生认知规律、兼顾知识和能力、计算思维和创造思维并重的路线良性有序发展。《青少年编程能力等级》团体标准旨在为青少年编程教育和能力测评提供科学的规范和依据。

这套团体标准研制历时 3 年，每部分都由来自数十所大学、中小学和培训机构的专家共同研制，经反复研讨、广泛征求意见，以学科知识体系为依据，充分尊重青少年的认知规律来划分级别、制定每级的具体知识点及能力要求。

这套标准根据不同方向编程学习的难度和知识的内在联系，进行了恰当的级别划分，既循序渐进，又避免分级过多使学生因没完没了地考级而失去学习兴趣、丢失了学习的初衷。

图形化编程相对比较容易，分为三级；Python 编程、机器人编程、人工智能编程分为四级；C++编程内容的深度和广度都比较大，大多数学生在上大学前很难完整学完 C++的全部，因此分为五级，第五级已经贯穿到大学一年级的课程要求了。

各级别对应的青少年编程能力是：一级对应初级能力；二级对应中级能力；三级对应高级能力；四级已经超越了高级，可以认为是大学之前学段中的精通级；C++编程五级就达到了大学一年级公共基础课"计算机程序设计"的要求，可以认为是"大学先修级"。

全国高等学校计算机教育研究会和全国高等院校计算机基础教育研究会都是教育部主管的国家一级社团，是计算机专业教育和计算机基础教育领域的权威学术组织，聚集了全国高校的计算机教育专家，拥有丰富的计算机教育资源。这套标准正是以这两个研究会的专家为主研制的。

这套标准与各种粗糙的考级考纲不同，精确定义了每个具体知识点的能力要求，具有很好的可操作性和可参考性，可以以此为依据开发教材、建设课程、建设案例和题库，用于能力测评也是很具体的测评方案。全国高等学校计算机教育研究会主办的"青少年编程能力等级考试（PAAT 考试）"就是依据这套标准。

为了方便广大师生和家长阅读参考，我们编制并交由清华大学出版社出版了这套标准汇编，一册在手可以统揽五项标准，掌握青少年编程教育的完整知识体系，不会再被各种眼花缭乱的培训和考级牵着走而失去方向。参加任何培训和考试，不管是几级还是十几级，只要将培训和考试内容与这套标准对比，就能知道哪一级是对应了初级、中级还是高级水平。

希望这套标准对青少年编程教育有所助力，我们愿意携手所有的教育工作者，为国家的未来培养后备人才。

编者

2023 年 1 月

目　录

ICS 03.180
CCS A18

T/CERACU

全国高等学校计算机教育研究会团体标准

T/CERACU/AFCEC/SIA/CNYPA 100.1—2019

青少年编程能力等级
第 1 部分：图形化编程

Programming Ability for Adolescents
Part 1: Visual Programming

2019-10-15 发布

2019-11-01 实施

全国高等学校计算机教育研究会
全国高等院校计算机基础教育研究会
中国软件行业协会　　　　　　　　　发布
中国青少年宫协会

目　次

前　言

本文件按照 GB/T 1.1—2020《标准化工作导则　第 1 部分：标准化文件的结构和起草规则》的规定起草。

本文件是《青少年编程能力等级》的第 1 部分。《青少年编程能力等级》已经发布了以下部分：

——第 1 部分：图形化编程。

——第 2 部分：Python 编程。

《青少年编程能力等级》第 1、2 部分由 4 个团体联合发布，使用标准编号"T/CERACU/AFCEC/SIA/CNYPA 100"；第 3、4、5 部分由 2 个团体联合发布，使用标准编号"T/CERACU/AFCEC 100"。

请注意本文件的某些内容可能涉及专利。本文件的发布机构不承担识别专利的责任。

本文件由全国高等学校计算机教育研究会提出并归口。

本文件起草单位：清华大学、深圳点猫科技有限公司、河南财经政法大学、东北师范大学、清华大学出版社有限公司、南京师范大学、青岛台东六路小学、上海市莘城学校、华南师范大学、韩山师范学院、四川师范大学、郑州市金水区四月天小学、深圳市希科普股份有限公司、辽宁师范大学、中国软件行业协会培训中心。

本文件主要起草人：张巧荣、郑莉、李天驰、孙悦、邓富强、米慧超、李洁颖、刘明非、李雁翎、王伟、陈永强、张弛、张国强、秦莺飞、李泽、邵磊、孙晓宇、奚源、王洪江、陈珊、蒋亚杰、吴楚斌、龚雪、夏立、钟志刚、邓彩梅、陈坤、温树槐、刘充、刘洪、陈雅丽、刘军、嵇宏、刘丹、艾鹏。

引　言

《青少年编程能力等级》旨在规定青少年编程能力的等级划分及其相关能力要求。

《青少年编程能力等级》拟由五部分构成。

——第 1 部分：图形化编程。目的在于规定青少年图形化编程能力的等级划分及其相关能力要求。

——第 2 部分：Python 编程。目的在于规定青少年 Python 编程能力的等级划分及其相关能力要求。

——第 3 部分：机器人编程。目的在于规定青少年机器人编程能力的等级划分及其相关能力要求。

——第 4 部分：C++编程。目的在于规定青少年 C++编程能力的等级划分及其相关能力要求。

——第 5 部分：人工智能编程。目的在于规定青少年人工智能编程能力的等级划分及其相关能力要求。

本标准的发布团体共同约定如下知识产权规定：

1）本标准的知识产权（不含标准内容涉及的专利和软件著作权）归所有联合发布团体共同所有，任何机构（无论是否为起草单位和发布团体）和个人（无论是否为起草人）不得在未授权的情况下处置知识产权。任何机构和个人使用本标准名称时必须同时注明标准封面上的全部标准代号并说明发布机构，说明发布机构时必须列出全部联合发布团体，列出顺序与封面顺序一致（可注明排名不分先后）。本标准的全部或部分内容如被国家标准、行业标准使用，该内容的起草人须被列入国家标准、行业标准起草人，否则视为抄袭。本标准由联合发布团体共同授权专业出版机构独家出版。

2）本标准由联合发布团体的成员约定采用，同时供社会自愿采用。

3）任何采用本标准的产品和服务，应通过全国高等学校计算机教育研究会主持的标准符合性认证，或者通过所有联合发布团体共同授权的认证机构的标准符合性认证，取得符合本标准的认证证书后方可在产品和服务的包装标识、宣传和广告材料、协议合同等法律文件，以及其他相关场合声明该产品和服务执行本标准。标准符合性认证证书是对产品和服务授权使用本标准的唯一形式，产品认证的版本、服务认证的有效期必须与执行标准的声明和标识一致。

4）任何企业和机构声明执行本标准但未指明具体服务和产品时，该企业和机构至少应该有一项服务和产品取得标准符合性认证证书，且认证的产品版本和认证的服务处于认证有效期内。

5）其他团体标准、企业标准采用本标准时应作为"规范性引用文件"明确列出，并在标准内容中明确引用具体章条。未经明确引用使用本标准内容视为侵权。

6）在学术研究、公开发表的文章和著作中使用本标准内容，应按照规范合法的方式引用，并将封面上的标准名称和完整编号列入参考文献。

青少年编程能力等级 第 1 部分：图形化编程

1 范围

本文件给出了青少年图形化编程能力的等级及其相关能力要求。

本文件适用于青少年图形化编程能力教学、培训及考核。

2 规范性引用文件

下列文件中的内容通过文中的规范性引用而构成本文件必不可少的条款。其中，注日期的引用文件，仅该日期对应的版本适用于本文件；不注日期的引用文件，其最新版本（包括所有的修改单）适用于本文件。

GB/T 29802—2013 信息技术 学习、教育和培训 测试试题信息模型

3 术语和定义

下列术语和定义适用于本文件。

3.1

图形化编程平台 visual programming platform

面向青少年设计的学习程序设计的平台。无须编写文本代码，只需要通过鼠标将具有特定功能的指令模块按照逻辑关系拼装起来就可以实现编程。图形化编程平台通常包含舞台区来展示程序运行的效果，用户可以使用图形化编程平台完成动画、游戏、互动艺术等编程作品。

3.2

指令模块 instruction block

图形化编程平台中预定义的基本程序块或控件。在常见的图形化编程平台通常被称为"积木"。

3.3

角色 character

图形化编程平台操作的对象，在舞台区执行命令，按照编写的程序活动。可以通过平台的素材库、本地文件或画板绘制导入。

3.4

背景 backdrop

角色活动所对应的场景，为角色的活动提供合适的环境，可以通过本地文件、素材库导入。

3.5

舞台 stage

承载角色和背景动作的区域。

3.6

脚本 script

对应的角色或背景下的执行程序。

3.7

程序 block

包含背景、角色、实现对应功能的脚本的集合，可以在计算机上进行运行并在舞台区中展示效果。

3.8

函数/自定义模块　function / self-defined program

函数/自定义模块是组织好、可重复使用、实现了单一或相关联功能的程序段，可以提高程序的模块化程度和脚本的重复利用率。

3.9

了解　know

对知识、概念或操作有基本的认知，能够记忆和复述所学的知识，能够区分不同概念之间的差别或者复现相关的操作。

3.10

掌握　master

能够理解事物背后的机制和原理，能够把所学的知识和技能正确地迁移到类似的场景中，以解决类似的问题。

3.11

综合应用　comprehensively apply

能够根据不同的场景和问题进行综合分析，并灵活运用所学的知识和技能创造性地解决问题。

4　图形化环境编程能力等级概述

本文件将基于图形化编程平台的编程能力划分为三个等级。每级分别规定相应的总体要求及对核心知识点的掌握程度和对知识点的能力要求。本文件第 5、6、7 章规定的要求均为应用图形化编程平台的编程能力要求，不适用于完全使用程序设计语言编程的情况。

依据本文件进行的编程能力等级测试和认证，均应使用图形化编程平台，应符合相应等级的总体要求及对核心知识点的掌握程度和对知识点的能力要求。

本文件不限定图形化编程平台的具体产品，基于典型图形化编程平台的应用案例作为示例和资料性附录给出。

青少年编程能力等级（图形化编程）共包括三个级别，具体描述如表 1 所示。

表 1　图形化编程能力等级划分

等　级	能 力 要 求	能力要求说明
一级	基本图形化编程能力	掌握图形化编程平台的使用，应用顺序、循环、选择三种基本的程序结构，编写结构良好的简单程序，解决简单问题
二级	初步程序设计能力	掌握更多编程知识和技能，能够根据实际问题的需求设计和编写程序，解决复杂问题，创作编程作品，具备一定的计算思维
三级	算法设计与应用能力	综合应用所学的编程知识和技能，合理地选择数据结构和算法，设计和编写程序解决实际问题，完成复杂项目，具备良好的计算思维和设计思维

5　一级核心知识点及能力要求

5.1　综合能力及适用性要求

要求能够使用图形化编程平台，应用顺序、循环、选择三种基本的程序结构，编写结构良好的简单程序，解决简单问题。

示例：

编程实现接苹果的小游戏，苹果每次从舞台上方随机位置出现并下落。如果落出舞台或者被篮子接到就隐藏，然后重新在舞台上方随机位置出现，并重复下落。苹果被篮子接到游戏分数加一。

一级综合能力要求分为如下几项：

——编程技术能力：能够阅读并理解简单的脚本并能预测脚本运行结果，能够通过观察运行结果的方式对简单程序进行调试，能够为变量、消息进行规范命名；

——应用能力：能够应用图形化编程环境编写简单程序，解决一些简单的问题；

——创新能力：能够使用图形化编程环境创作包含单个场景、少量角色的简单动画或者小游戏。

图形化编程一级与青少年学业存在如下适用性要求：

——阅读能力要求：认识一定量汉字并能够阅读简单中文内容；

——数学能力要求：掌握简单的整数四则运算，了解小数的概念，了解方向和角度的概念；

——操作能力要求：基本掌握鼠标和键盘的使用。

5.2 核心知识点能力要求

一级包括 14 个核心知识点，具体说明如表 2 所示。

表 2　一级核心知识点及能力要求

编号	名　　称	能 力 要 求
1	图形化编辑器的使用	了解图形化编程的基本概念，了解图形化编辑器的组成和常见功能，能够熟练使用一种图形化编辑器的基础功能
1.1	图形化编辑器的基本要素	掌握图形化编辑器的基本要素之间的关系 **示例：** 舞台、角色、造型、脚本之间的关系
1.2	图形化编辑器主要区域的划分及使用	掌握图形化编辑器的基本区域的划分及基本使用方法 **示例：** 了解舞台区、角色区、指令模块区、脚本区的划分；掌握如何添加角色、背景、音乐等素材
1.3	脚本编辑器的使用	掌握脚本编辑器的使用，能够拖拽指令模块拼搭成脚本，能够修改指令模块中的参数
1.4	编辑工具的基本使用	了解基本编辑工具的功能，能够使用基本编辑工具编辑背景、造型，以及录制和编辑声音
1.5	基本文件操作	了解基本的文件操作，能够使用功能组件打开、新建、命名和保存文件
1.6	程序的启动和停止	掌握使用功能组件启动和停止程序的方法 **示例：** 能够使用平台工具自带的开始和终止按钮启动和停止程序
2	常见指令模块的使用	掌握常见的指令模块，能够使用基础指令模块编写脚本实现相关功能
2.1	背景移动和变换	掌握背景移动和变换的指令模块，能够实现背景移动和变换 **示例：** 进行背景的切换
2.2	角色平移和旋转	掌握角色平移和旋转的指令模块，能够实现角色的平移和旋转
2.3	控制角色运动方向	掌握控制角色运动方向的指令模块，能够控制角色运动的方向
2.4	角色的显示、隐藏	掌握角色显示、隐藏的指令模块，能够实现角色的显示和隐藏
2.5	造型的切换	掌握造型切换的指令模块，能够实现造型的切换
2.6	设置角色的外观属性	掌握设置角色外观属性的指令模块，能够设置角色的外观属性 **示例：** 能够改变角色的颜色或者大小
2.7	音乐或音效的播放	掌握播放音乐或音效相关的指令模块，能够实现音乐或音效的播放
2.8	侦测功能	掌握颜色、距离、按键、鼠标、碰到角色的指令模块，能够对颜色、距离、按键、鼠标、碰到角色进行侦测
2.9	输入、输出互动	掌握询问和答复指令模块，能够使用询问和答复指令模块实现输入、输出互动
3	二维坐标系基本概念	了解二维坐标系的基本概念
3.1	二维坐标的表示	了解用(x,y)表达二维坐标的方式
3.2	位置与坐标	了解 x、y 的值对坐标位置的影响 **示例：** 了解当 y 值减少，角色在舞台上沿竖直方向下落

编号	名 称	能 力 要 求
4	画板编辑器的基本使用	掌握画板编辑器的基本绘图功能
4.1	绘制简单角色造型或背景	掌握图形绘制和颜色填充的方法，能够进行简单角色造型或背景图案的设计 示例：使用画板绘制一个简单的人物角色造型
4.2	图形的复制及删除	掌握图形复制和删除的方法
4.3	图层的概念	了解图层的概念，能够使用图层来设计造型或背景
5	基本运算操作	了解运算相关指令模块，完成简单的运算和操作
5.1	算术运算	掌握加减乘除运算指令模块，完成自然数的四则运算
5.2	关系运算	掌握关系运算指令模块，完成简单的数值比较 示例：判断游戏分数是否大于某个数值
5.3	字符串的基本操作	了解字符串的概念和基本操作，包括字符串的拼接和长度检测 示例：将输入的字符串"12"和"cm"拼接成"12cm"；或者判断输入字符串的长度是否是 11 位
5.4	随机数	了解随机数指令模块，能够生成随机的整数 示例：生成大小在−200 到 200 的随机数
6	画笔功能	掌握抬笔、落笔、清空、设置画笔属性及印章指令模块，能够绘制出简单的几何图形 示例：使用画笔绘制三角形和正方形
7	事件	了解事件的基本概念，能够正确使用单击开始按钮、按下键盘、角色被单击事件 示例：能够利用方向键控制角色上下左右移动
8	消息的广播与处理	了解广播和消息处理的机制，能够利用广播指令模块实现两个角色间消息的单向传递
8.1	定义广播消息	掌握广播消息指令模块，能够使用指令模块定义广播消息并合理命名
8.2	广播消息的处理	掌握收到广播消息指令模块，让角色接收对应消息并执行相关脚本
9	变量	了解变量的概念，能够创建变量并且在程序中简单使用 示例：用变量实现游戏的计分功能，接苹果游戏中苹果碰到篮子得分加一
10	基本程序结构	了解顺序、循环、选择结构的概念，掌握三种结构组合使用来编写简单程序
10.1	顺序结构	掌握顺序结构的概念，理解程序是按照指令顺序一步一步执行的
10.2	循环结构	了解循环结构的概念，掌握重复执行指令模块，实现无限循环、有次数的循环
10.3	选择结构	了解选择结构的概念，掌握单分支和双分支的条件判断
11	程序调试	了解调试的概念，能够通过观察程序的运行结果对简单程序进行调试
12	思维导图与流程图	了解思维导图和流程图的概念，能够使用思维导图辅助程序设计，能够识读简单的流程图
13	知识产权与信息安全	了解知识产权与信息安全的基本概念，具备初步的版权意识和信息安全意识
13.1	知识产权	了解知识产权的概念，尊重他人劳动成果 示例：在对他人的作品进行改编或者在自己的作品中使用他人的成果，要先征求他人同意
13.2	密码的使用	了解密码的用途，能够正确设置密码并对他人保密，来保护自己的账号安全
14	虚拟社区中的道德与礼仪	了解在虚拟社区上与他人进行交流的基本礼仪，尊重他人的观点，使用礼貌用语交流

5.3 标准符合性规定

5.3.1 标准符合性总体要求

课程、教材与能力测试应符合本文件第 5 章的要求，本文件以下内容涉及的"一级"均指本文件第 5 章规定的"一级"。

5.3.2 课程与教材的标准符合性

课程与教材的总体教学目标不低于一级的综合能力要求，课程与教材的内容涵盖了一级的核心知识点并不低于各知识点的能力要求，则认为该课程或教材符合一级标准。

5.3.3 测试的标准符合性

一级测试包含了对一级综合能力的测试且不低于综合能力要求，测试题均匀覆盖了一级核心知识点并且难度不低于各知识点的能力要求。

用于交换和共享的青少年编程能力等级测试及试题应符合 GB/T 29802—2013 的规定。

5.4 能力测试形式与环境要求

一级的测试应明确测试形式及测试环境，具体要求如表 3 所示。

表 3 一级能力测试形式及测试环境

内　容	描　述
测试形式	客观题与主观题（编程创作）两种题型，主观题分值占比不低于 30%
测试环境	能够进行符合本文件要求的测试的图形化编程环境

6 二级核心知识点及能力要求

6.1 综合能力及适用性要求

在一级能力要求的基础上，要求能够掌握更多编程知识和技能，能够根据实际问题的需求设计和编写程序，解决复杂问题，创作编程作品，具备一定的计算思维。

示例：

设计一个春夏秋冬四季多种农作物生长的动画，动画内容要求体现出每个季节场景中不同农作物生长状况的差异。

二级综合能力要求如下：

——编程技术能力：能够阅读并理解具有复杂逻辑关系的脚本并能预测脚本运行结果；能够使用基本调试方法对程序进行纠错和调试，能够合理地对程序注释；

——应用能力：能够根据实际问题的需求设计和编写程序，解决复杂问题，

——创新能力：能够根据给定的主题场景创作多个屏幕、多个场景和多个角色进行交互的动画和游戏作品。

二级与青少年学业存在如下适用性要求：

——前序能力要求：具备图形化编程一级所描述的适用性要求；

——数学能力要求：掌握小数的概念；掌握角度的概念；了解负数的基本概念；

——操作能力要求：熟练操作计算机，熟练使用鼠标和键盘。

6.2 核心知识点能力要求

二级包括 14 个核心知识点，具体说明如表 4 所示。

表 4 二级核心知识点及能力要求

编号	名　称	能　力　要　求
1	二维坐标系	掌握二维坐标系的基本概念
1.1	坐标系术语	了解 x、y 轴、原点和象限的概念
1.2	坐标的计算	掌握坐标计算的方法，能够通过计算和坐标设置在舞台上精准定位角色
2	画板编辑器的使用	掌握画板编辑器的常用功能
2.1	图层的概念	掌握图层的概念，能够使用图层来设计造型或背景
3	运算操作	掌握运算相关指令模块，完成常见的运算和操作

续表

编号	名 称	能 力 要 求
3.1	算术运算	掌握算术运算的概念，完成常见的四则运算、向上向下取整和四舍五入，并在程序中综合应用
3.2	关系运算	掌握关系运算的概念，完成常见的数据比较，并在程序中综合应用 示例：在账号登录的场景下，判断两个字符串是否相同，验证密码
3.3	逻辑运算	掌握与、或、非逻辑运算指令模块，完成逻辑判断
3.4	字符串操作	掌握字符串的基本操作，能够获取字符串中的某个字符，能够检测字符串中是否包含某个子字符串
3.5	随机数	掌握随机数的概念，结合算术运算生成随机的整数或小数，并在程序中综合应用 示例：让角色等待 0～1 秒的任意时间
4	画笔功能	掌握画笔功能，能够结合算术运算、转向和平移绘制出丰富的几何图形 示例：使用画笔绘制五环或者正多边形组成的繁花图案等
5	事件	掌握事件的概念，能够正确使用常见的事件，并能够在程序中综合应用
6	消息的广播与处理	掌握广播和消息处理的机制，能够利用广播指令模块实现多角色间的消息传递 示例：当游戏失败时，广播失败消息通知其他角色停止运行
7	变量	掌握变量的用法，在程序中综合应用，实现所需效果 示例：用变量记录程序运行状态，根据不同的变量值执行不同的脚本；用变量解决如鸡兔同笼等数学问题
8	列表	了解列表的概念，掌握列表的基本操作
8.1	列表的创建、删除与显示隐藏状态	掌握列表创建、删除和在舞台上显示、隐藏的方法，能够在程序中正确使用列表
8.2	添加、删除、修改和获取列表中的元素	掌握向列表中添加、删除元素，修改和获取特定位置的元素的指令模块
8.3	列表的查找与统计	掌握在列表中查找特定元素和统计列表长度的指令模块
9	函数	了解函数的概念和作用，能够创建和使用函数
9.1	函数的创建	了解创建函数的方法，能够创建无参数或有参数的函数，增加脚本的复用性
9.2	函数的调用	了解函数调用的方法，能够在程序中正确使用
10	计时器	掌握计时器指令模块，能够使用计时器实现时间统计功能，并能实现超时判断
11	克隆	了解克隆的概念，掌握克隆相关指令模块，让程序自动生成大量行为相似的克隆角色
12	注释	掌握注释的概念及必要性，能够为脚本添加注释
13	程序结构	掌握顺序、循环、选择结构，综合应用三种结构编写具有一定逻辑复杂性的程序
13.1	循环结构	掌握循环结构的概念，掌握有终止条件的循环，掌握嵌套循环结构
13.2	选择结构	掌握多分支的选择结构，掌握嵌套选择结构的条件判断
14	程序调试	掌握程序调试，能够通过观察程序运行结果和变量的数值对 bug 进行定位，对程序进行调试
15	流程图	掌握流程图的基本概念，能够使用流程图设计程序流程
16	知识产权与信息安全	了解知识产权与信息安全的概念，了解网络中常见的安全问题及应对措施
16.1	知识产权	了解不同版权协议的限制，在程序中正确使用版权内容 示例：在自己的作品中可以使用 CC 版权协议的图片、音频等，并通过作品介绍等方式向原创者致谢
16.2	网络安全问题	了解计算机病毒、钓鱼网站、木马程序的危害，了解相应的防御手段 示例：定期更新杀毒软件及进行系统检测，不轻易点开别人发送的链接等
17	虚拟社区中的道德与礼仪	了解虚拟社区中的道德与礼仪，能够在网络上与他人正常交流
17.1	信息搜索	了解信息搜索的方法，能够在网络上搜索信息，理解网络信息有真伪、优劣

编　号	名　　称	能　力　要　求
17.2	积极健康的互动	了解在虚拟社区与他人交流的礼仪，在社区积极主动与他人交流，乐于帮助他人和分享自己的作品

6.3　标准符合性规定

6.3.1　标准符合性总体要求

课程、教材与能力测试应符合本文件第 6 章的要求，本文件以下内容涉及的"二级"均指本文件第 6 章规定的"二级"。

6.3.2　课程与教材的标准符合性

课程与教材的总体教学目标不低于二级的综合能力要求，课程与教材的内容涵盖了二级的核心知识点并不低于各知识点的能力要求，则认为该课程或教材符合二级标准。

6.3.3　测试的标准符合性

二级测试包含了对二级综合能力的测试且不低于综合能力要求，测试题均匀覆盖了二级核心知识点并且难度不低于各知识点的能力要求。

用于交换和共享的青少年编程能力等级测试及试题应符合 GB/T 29802—2013 的规定。

6.4　能力测试形式与环境要求

二级能力测试应明确测试形式及测试环境，具体要求如表 5 所示。

表 5　二级能力测试形式及测试环境

内　　容	描　　述
测试形式	客观题与主观题（编程创作）两种题型，主观题分值占比不低于 30%
测试环境	能够进行符合本文件要求的测试的图形化编程环境

7　三级核心知识点及能力要求

7.1　综合能力及适用性要求

在二级能力要求的基础上，要求能够综合应用所学的编程知识和技能，合理地选择数据结构和算法，设计和编写程序解决实际问题，完成复杂项目，具备良好的计算思维和设计思维。

示例：

设计雪花飘落的动画，展示多种雪花的细节，教师引导学生观察雪花的一个花瓣，发现雪花的每一个花瓣都是一个树状结构。这个树状结构具有分形的特征，可以使用递归的方式绘制出来。

三级综合能力要求如下：

——编程技术能力：能够阅读并理解复杂程序并能对程序的运行及展示效果进行预测，能够熟练利用多种调试方法对复杂程序进行纠错和调试；

——应用能力：能够合理利用常用算法进行简单数据处理，具有分析、解决复杂问题的能力，在解决问题过程中体现出一定的计算思维和设计思维；

——创新能力：能够根据项目需求发散思维，结合多领域多学科知识，从人机交互、动画表现等方面进行设计创作，完成多屏幕、多场景和多角色进行交互的复杂项目。

三级与青少年学业存在如下适用性要求：

——前序能力要求：具备图形化编程一级、二级所描述的适用性要求；

——数学能力要求：了解概率的概念。

7.2 核心知识点能力要求

三级包括 14 个核心知识点，具体说明如表 6 所示。

表 6 三级核心知识点及能力要求

编号	名称	能力要求
1	列表	掌握列表数据结构，能够使用算法完成数据处理，能够使用个性化索引建立结构化数据
2	函数	掌握带返回值的函数的创建与调用
3	克隆	掌握克隆的高级功能，能够在程序中综合应用 示例：克隆体的私有变量
4	常用编程算法	掌握常用编程算法，对编程算法产生兴趣
4.1	排序算法	掌握冒泡、选择和插入排序的算法，能够在程序中实现相关算法，实现列表的数据排序
4.2	查找算法	掌握遍历查找及列表的二分查找算法，能够在程序中实现相关算法进行数据查找
5	递归调用	掌握递归调用的概念，并能够使用递归调用解决相关问题
6	人工智能基本概念	了解人工智能的基本概念，能够使用人工智能相关指令模块实现相应功能，体验人工智能 示例：能够使用图像识别指令模块完成人脸识别；能够使用语音识别或语音合成指令模块
7	数据可视化	掌握绘制折线图和柱状图的方法
8	项目分析	掌握项目分析的基本思路和方法
8.1	需求分析	了解需求分析的概念和必要性，能够从用户角度出发进行需求分析
8.2	问题拆解	掌握问题拆解的方法，能够对问题进行分析及抽象，拆解为若干编程可解决的问题
9	角色造型及交互设计	掌握角色造型和交互设计的技巧
9.1	角色的造型设计	掌握角色造型设计的技巧，能够针对不同类型角色设计出合适的形象、动作
9.2	程序的交互逻辑设计	掌握程序交互逻辑设计的技巧，能够根据情境需求，选择合适的人机交互方式设计较丰富的角色间的互动行为
10	程序模块化设计	了解程序模块化设计的思想，能够根据角色设计确定角色功能点，综合应用已掌握的编程知识与技能，对多角色程序进行模块化设计 示例：将实现同一功能的脚本放在一起，便于理解程序逻辑
11	程序调试	掌握参数输出等基本程序调试方法，能够有意识地设计程序断点 示例：通过打印出的程序运行参数快速定位错误所处的角色及脚本
12	流程图	掌握流程图的概念，能够绘制流程图，使用流程图分析和设计程序、表示算法
13	知识产权与信息安全	掌握知识产权和信息安全的相关知识，具备良好的知识产权和信息安全意识
13.1	版权保护的利弊	了解国内外版权保护的现状，讨论版权保护对创新带来的影响
13.2	信息加密	了解一些基本的加密手段，以此来了解网络中传输的信息是如何被加密保护的
14	虚拟社区中的道德与礼仪	掌握虚拟社区中的道德与礼仪，具备一定的信息鉴别能力，能够通过信息来源等鉴别网络信息的真伪 示例：区分广告与有用信息，不散播错误信息，传播正能量

7.3 标准符合性规定

7.3.1 标准符合性总体要求

课程、教材与能力测试应符合本文件第 7 章的要求，本文件以下内容涉及的"三级"均指本文件第 7 章规定的"三级"。

7.3.2 课程与教材的标准符合性

课程与教材的总体教学目标不低于三级的综合能力要求，课程与教材的内容涵盖了三级的核心知识点并不低于各知识点的能力要求，则认为该课程或教材符合三级标准。

7.3.3 测试的标准符合性

三级测试包含了对三级综合能力的测试且不低于综合能力要求，测试题均匀覆盖了三级核心知识点并且难度不低于各知识点的能力要求。

用于交换和共享的青少年编程能力等级测试及试题应符合 GB/T 29802—2013 的规定。

7.4 能力测试形式与环境要求

三级能力测试应明确测试形式及测试环境，具体要求如表 7 所示。

表 7 图形化编程三级能力测试形式及测试环境

内　　容	描　　述
测试形式	客观题与主观题（编程创作）两种题型，主观题分值占比不低于 40%
测试环境	能够进行符合本文件要求的测试的图形化编程环境

ICS 03.180
CCS A18

T/CERACU

全国高等学校计算机教育研究会团体标准

T/CERACU/AFCEC/SIA/CNYPA 100.2—2019

青少年编程能力等级
第 2 部分：Python 编程

Programming Ability for Adolescents
Part 2: Python Language

2019-10-15 发布   2019-11-01 实施

全国高等学校计算机教育研究会
全国高等院校计算机基础教育研究会   发布
中国软件行业协会
中国青少年宫协会

目　次

前　言

本文件按照 GB/T 1.1—2020《标准化工作导则　第 1 部分：标准化文件的结构和起草规则》的规定起草。

本文件是《青少年编程能力等级》的第 2 部分。《青少年编程能力等级》已经发布了以下部分：

——第 1 部分：图形化编程。

——第 2 部分：Python 编程。

《青少年编程能力等级》第 1、2 部分由 4 个团体联合发布，使用标准编号"T/CERACU/AFCEC/SIA/CNYPA 100"；第 3、4、5 部分由 2 个团体联合发布，使用标准编号"T/CERACU/AFCEC 100"。

请注意本文件的某些内容可能涉及专利。本文件的发布机构不承担识别专利的责任。

本文件由全国高等学校计算机教育研究会提出并归口。

本文件起草单位：北京理工大学、清华大学、深圳点猫科技有限公司、北京工商大学、济南大学、北京中医药大学、河北大学、淮阴工学院、西南石油大学、南京大学、大连理工大学、北京航空航天大学、山东大学、河南理工大学、湖北经济学院、中国社会科学院大学、中国青年创业就业基金会、北京众码教育科技有限公司、延安大学、昆明理工大学、东北师范大学、高等教育出版社有限公司、中国水利水电出版社有限公司。

本文件主要起草人：嵩天、郑莉、李天驰、孙悦、赵霞、黄天羽、张航、蒋彦、郭凤英、李芬芬、肖胜刚、杨帆、王杨、刘娟、刘文飞、刘翼、张然、潘晟旻、雷俊丽、宿培成、张莉、艾明晶、蒋志方、朱世松、吴秉昆、乔梁、李泽、秦莺飞、雷顺加、张弛、李雁翎。

引　言

《青少年编程能力等级》旨在规定青少年编程能力的等级划分及其相关能力要求。

《青少年编程能力等级》拟由五部分构成。

——第 1 部分：图形化编程。目的在于规定青少年图形化编程能力的等级划分及其相关能力要求。

——第 2 部分：Python 编程。目的在于规定青少年 Python 编程能力的等级划分及其相关能力要求。

——第 3 部分：机器人编程。目的在于规定青少年机器人编程能力的等级划分及其相关能力要求。

——第 4 部分：C++编程。目的在于规定青少年 C++编程能力的等级划分及其相关能力要求。

——第 5 部分：人工智能编程。目的在于规定青少年人工智能编程能力的等级划分及其相关能力要求。

本标准的发布团体共同约定如下知识产权规定：

1）本标准的知识产权（不含标准内容涉及的专利和软件著作权）归所有联合发布团体共同所有，任何机构（无论是否为起草单位和发布团体）和个人（无论是否为起草人）不得在未授权的情况下处置知识产权。任何机构和个人使用本标准名称时必须同时注明标准封面上的全部标准代号并说明发布机构，说明发布机构时必须列出全部联合发布团体，列出顺序与封面顺序一致（可注明排名不分先后）。本标准的全部或部分内容如被国家标准、行业标准使用，该内容的起草人须被列入国家标准、行业标准起草人，否则视为抄袭。本标准由联合发布团体共同授权专业出版机构独家出版。

2）本标准由联合发布团体的成员约定采用，同时供社会自愿采用。

3）任何采用本标准的产品和服务，应通过全国高等学校计算机教育研究会主持的标准符合性认证，或者通过所有联合发布团体共同授权的认证机构的标准符合性认证，取得符合本标准的认证证书后方可在产品和服务的包装标识、宣传和广告材料、协议合同等法律文件，以及其他相关场合声明该产品和服务执行本标准。标准符合性认证证书是对产品和服务授权使用本标准的唯一形式，产品认证的版本、服务认证的有效期必须与执行标准的声明和标识一致。

4）任何企业和机构声明执行本标准但未指明具体服务和产品时，该企业和机构至少应该有一项服务和产品取得标准符合性认证证书，且认证的产品版本和认证的服务处于认证有效期内。

5）其他团体标准、企业标准采用本标准时应作为"规范性引用文件"明确列出，并在标准内容中明确引用具体章条。未经明确引用使用本标准内容视为侵权。

6）在学术研究、公开发表的文章和著作中使用本标准内容，应按照规范合法的方式引用，并将封面上的标准名称和完整编号列入参考文献。

青少年编程能力等级 第2部分：Python 编程

1 范围

本文件给出了青少年 Python 编程能力的等级及其相关能力要求，并根据等级设定及能力要求给出了测评方法。

本文件适用于各级各类教育、考试、出版等机构开展以青少年编程能力教学、培训及考核为内容的业务活动。

2 规范性引用文件

下列文件中的内容通过文中的规范性引用而构成本文件必不可少的条款。其中，注日期的引用文件，仅该日期对应的版本适用于本文件；不注日期的引用文件，其最新版本（包括所有的修改单）适用于本文件。

GB/T 29802—2013 信息技术 学习、教育和培训 测试试题信息模型

3 术语和定义

下列术语和定义适用于本文件。

3.1

Python 语言 Python language

由 Guido van Rossum 创造的通用、脚本编程语言，本文件采用 3.5 及之后的 Python 语言版本，不限定具体版本号。

3.2

青少年 adolescent

年龄在 10 岁到 18 岁的个体，此"青少年"约定仅适用于本文件。

3.3

青少年编程能力 Python 语言 Python programming ability for adolescents

"青少年编程能力等级 第2部分：Python 编程"的简称。

3.4

程序 program

由 Python 语言构成并能够由计算机执行的程序代码。

3.5

语法 grammar

Python 语言所规定的、符合其语言规范的元素和结构。

3.6

语句式程序 statement type program

由 Python 语句构成的程序代码，以不包含函数、类、模块等语法元素为特征。

3.7

模块式程序 modular program

由 Python 语句、函数、类、模块等元素构成的程序代码，以包含 Python 函数或类或模块的定义和

使用为特征。

3.8

IDLE   IDLE

Python 语言官方网站（https://www.python.org）所提供的简易 Python 编辑器和运行调试环境。

3.9

了解   know

对知识、概念或操作有基本的认知，能够记忆和复述所学的知识，能够区分不同概念之间的差别或者复现相关的操作。

3.10

理解   understand

与了解（3.9 条）含义相同，此"理解"约定仅适用于本文件。

3.11

掌握   master

能够理解事物背后的机制和原理，能够把所学的知识和技能正确地迁移到类似的场景中，以解决类似的问题。

4 青少年编程能力 Python 语言概述

本文件面向青少年计算思维和逻辑思维培养而设计，以编程能力为核心培养目标，语法限于 Python 语言。本文件所定义的编程能力划分为四个等级。每级分别规定相应的能力目标、学业适应性要求、核心知识点及所对应能力要求。依据本文件进行的编程能力培训、测试和认证，均应采用 Python 语言。

4.1 总体设计原则

青少年编程等级 Python 语言面向青少年设计，区别于专业技能培养，采用如下四个基本设计原则。

——基本能力原则：以基本编程能力为目标，不涉及精深的专业知识，不以培养专业能力为导向，适当增加计算机学科背景内容。

——心理适应原则：参考发展心理学的基本理念，以儿童认知的形式运算阶段为主要对应期，符合青少年身心发展的连续性、阶段性及整体性规律。

——学业适应原则：基本适应青少年学业知识体系，与数学、语文、外语等科目衔接，不引入大学层次课程内容体系。

——法律适应原则：符合《中华人民共和国未成年人保护法》的规定，尊重、关心、爱护未成年人。

4.2 能力等级总体描述

青少年编程能力 Python 语言共包括四个等级，以编程思维能力为依据进行划分，等级名称、能力目标和等级划分说明如表 1 所示。

表 1 青少年编程能力 Python 语言的等级划分

等 级	能 力 目 标	等级划分说明
Python 一级	基本编程思维	具备以编程逻辑为目标的基本编程能力
Python 二级	模块编程思维	具备以函数、模块和类等形式抽象为目标的基本编程能力
Python 三级	基本数据思维	具备以数据理解、表达和简单运算为目标的基本编程能力
Python 四级	基本算法思维	具备以常见、常用且典型算法为目标的基本编程能力

注：一级包括对函数和模块的使用，例如，对标准函数和标准库的使用，但不包括函数和模块的定义。二级包括对函数和模块的定义。

青少年编程能力 Python 语言各级别代码量要求如表 2 所示。

表 2　青少年编程能力 Python 语言的代码量要求

等　级	能　力　目　标	代码量要求说明
Python 一级	基本编程思维	能够编写不少于 20 行 Python 程序
Python 二级	模块编程思维	能够编写不少于 50 行 Python 程序
Python 三级	基本数据思维	能够编写不少于 100 行 Python 程序
Python 四级	基本算法思维	能够编写不少于 100 行 Python 程序，掌握 10 类算法

注：这里的代码量指解决特定计算问题而编写单一程序的行数。各级别代码要求建立在对应级别知识点内容基础上。程序代码量作为能力达成度的必要但非充分条件。

5　一级要求详细说明

5.1　能力目标及适用性要求

一级以基本编程思维为能力目标，具体包括以下 4 方面：

——基本阅读能力：能够阅读简单的语句式程序，了解程序运行过程，预测运行结果；

——基本编程能力：能够编写简单的语句式程序，正确运行程序；

——基本应用能力：能够采用语句式程序解决简单的应用问题；

——基本工具能力：能够使用 IDLE 等展示 Python 代码的编程工具完成程序编写和运行。

一级与青少年学业存在如下适用性要求：

——阅读能力要求：认识汉字并阅读简单中文内容，熟练识别英文字母、了解并记忆少量英文单词，识别时间的简单表示；

——算术能力要求：掌握自然数和小数的概念及四则运算方法，理解基本推理逻辑，了解角度、简单图形等基本几何概念；

——操作能力要求：熟练操作无键盘平板计算机或有键盘普通计算机，基本掌握鼠标的使用。

5.2　核心知识点说明及能力要求

一级包含 12 个核心知识点。核心知识点及对应的能力要求如表 3 所示，知识点排序不分先后。

表 3　一级核心知识点说明及能力要求

编号	知识点名称	知识点说明	能　力　要　求
1	程序基本编写方法	以 IPO 为主的程序编写方法	掌握"输入、处理、输出"程序编写方法，能够辨识各环节，具备理解程序的基本能力
2	Python 基本语法元素	缩进、注释、变量、命名和保留字等基本语法	掌握并熟练使用基本语法元素编写简单程序，具备利用基本语法元素进行问题表达的能力
3	数字类型	整数类型、浮点数类型、真假无值及其相关操作	掌握并熟练编写带有数字类型的程序，具备解决数字运算基本问题的能力
4	字符串类型	字符串类型及其相关操作	掌握并熟练编写带有字符串类型的程序，具备解决字符串处理基本问题的能力
5	列表类型	列表类型及其相关操作	掌握并熟练编写带有列表类型的程序，具备解决一组数据处理基本问题的能力
6	类型转换	数字类型、字符串类型、列表类型之间的转换操作	理解类型的概念及类型转换的方法，具备表达程序类型与用户数据间对应关系的能力
7	分支结构	if、if-else、if-elif-else 等构成的分支结构	掌握并熟练编写带有分支结构的程序，具备利用分支结构解决实际问题的能力

续表

编号	知识点名称	知识点说明	能 力 要 求
8	循环结构	for、while、continue 和 break 等构成的循环结构	掌握并熟练编写带有循环结构的程序，具备利用循环结构解决实际问题的能力
9	异常处理	try-except 构成的异常处理方法	掌握并熟练编写带有异常处理能力的程序，具备解决程序基本异常问题的能力
10	函数使用及标准函数	函数使用方法，10 个左右 Python 标准函数	掌握并熟练使用基本输入输出和简单运算为主的标准函数，具备运用基本标准函数的能力
11	Python 标准库入门	基本的 turtle 库功能，基本的程序绘图方法	掌握并熟练使用 turtle 库的主要功能，具备通过程序绘制图形的基本能力
12	Python 开发环境使用	Python 开发环境使用，不限于 IDLE	熟练使用某一种 Python 开发环境，具备使用 Python 开发环境编写程序的能力

5.3 标准符合性规定

一级的符合性评测需要包含对一级各知识点的评测，知识点宏观覆盖度要达到 100%。

根据标准符合性评测的具体情况，给出基本符合、符合、深度符合三种认定结论。基本符合指每个知识点提供不少于 5 个具体知识内容，符合指每个知识点提供不少于 8 个具体知识内容，深度符合指每个知识点提供不少于 12 个具体知识内容。具体知识内容要与知识点实质相关。

用于交换和共享的青少年编程能力等级测试及试题应符合 GB/T 29802—2013 的规定。

5.4 能力测试要求

与一级相关的能力测试在标准符合性规定的基础上应明确考试形式和考试环境，考试要求如表 4 所示。

表 4　一级能力测试的考试要求

内 容	描 述
考试形式	理论考试与编程相结合
考试环境	支持 Python 程序的编写和运行环境，不限于单机版或 Web 网络版
考试内容	满足标准符合性规定（5.3 条）

6　二级要求详细说明

6.1　能力目标及适用性要求

二级以模块编程思维为能力目标，具体包括以下 4 方面：

——基本阅读能力：能够阅读模块式程序，了解程序运行过程，预测运行结果；

——基本编程能力：能够编写简单的模块式程序，正确运行程序；

——基本应用能力：能够采用模块式程序解决简单的应用问题；

——基本调试能力：能够了解程序可能产生错误的情况、理解基本调试信息并完成简单程序调试。

二级与青少年学业存在如下适用性要求：

——前序能力要求：具备一级所描述的适用性要求；

——数学能力要求：了解以简单方程为内容的代数知识，了解随机数的概念；

——操作能力要求：熟练操作计算机，熟练使用鼠标和键盘。

6.2　核心知识点说明及能力要求

二级包含 12 个核心知识点。核心知识点及对应的能力要求如表 5 所示，知识点排序不分先后。其中，名称中标注"（基本）"的知识点表明该知识点相比专业说法仅做基础性要求。

表5 青少年编程能力"Python 二级"核心知识点说明及能力要求

编号	知识点名称	知识点说明	能力要求
1	模块化编程	以代码复用、程序抽象、自顶向下设计为主要内容	理解程序的抽象及结构及自顶向下设计方法,具备利用模块化编程思想分析实际问题的能力
2	函数	函数的定义、调用及使用	掌握并熟练编写带有自定义函数和函数递归调用的程序,具备解决简单代码复用问题的能力
3	递归及算法	递归的定义及使用、算法的概念	掌握并熟练编写带有递归的程序,了解算法的概念,具备解决简单迭代计算问题的能力
4	文件	基本的文件操作方法	掌握并熟练编写处理文件的程序,具备解决数据文件读写问题的能力
5	(基本)模块	Python 模块的基本概念及使用	理解并构建模块,具备解决程序模块之间调用问题及扩展规模的能力
6	(基本)类	面向对象及 Python 类的简单概念	理解面向对象的简单概念,具备阅读面向对象代码的能力
7	(基本)包	Python 包的概念及使用	理解并构建包,具备解决多文件程序组织及扩展规模问题的能力
8	命名空间及作用域	变量命名空间及作用域,全局和局部变量	熟练并准确理解语法元素作用域及程序功能边界,具备界定变量作用范围的能力
9	Python 第三方库获取	根据特定功能查找并安装第三方库	基本掌握 Python 第三方库的查找和安装方法,具备搜索扩展编程功能的能力
10	Python 第三方库使用	jieba 库、pyinstaller 库、wordcloud 库等第三方库	基本掌握 Python 第三方库的使用方法,理解第三方库的多样性,具备扩展程序功能的基本能力
11	标准函数 B	5 个标准函数及查询使用其他函数	掌握并熟练使用常用的标准函数,具备查询并使用其他标准函数的能力
12	基本的 Python 标准库	random 库、time 库等	掌握并熟练使用 3 个 Python 标准库,具备利用标准库解决问题的简单能力

6.3 标准符合性规定

二级的符合性评测需要包含对二级各知识点的评测,知识点宏观覆盖度要达到 100%。

根据标准符合性评测的具体情况,给出基本符合、符合、深度符合三种认定结论。基本符合指每个知识点提供不少于 5 个具体知识内容,符合指每个知识点提供不少于 8 个具体知识内容,深度符合指每个知识点提供不少于 12 个具体知识内容。具体知识内容要与知识点实质相关。

用于交换和共享的青少年编程能力等级测试及试题应符合 GB/T 29802—2013 的规定。

6.4 能力测试要求

与二级相关的能力测试在标准符合性规定的基础上应明确考试形式和考试环境,考试要求如表 6 所示。

表6 二级能力测试的考试要求

内 容	描 述
考试形式	理论考试与编程相结合
考试环境	支持 Python 程序运行的环境,支持文件读写,不限于单机版或 Web 网络版
考试内容	满足标准符合性规定(6.3 条)

7 三级要求详细说明

7.1 能力目标及适用性要求

三级以基本数据思维为能力目标，具体包括以下 4 方面：

——基本阅读能力：能够阅读具有数据读写、清洗和处理功能的简单 Python 程序，了解程序运行过程，预测运行结果；

——基本编程能力：能够编写具有数据读写、清洗和处理功能的简单 Python 程序，正确运行程序；

——基本应用能力：能够采用 Python 程序解决具有数据读写、清洗和处理的简单应用问题；

——数据表达能力：能够采用 Python 语言对各类型数据进行正确的程序表达。

三级与青少年学业存在如下适用性要求：

——前序能力要求：具备 Python 二级所描述的适用性要求；

——数学能力要求：掌握集合、数列等基本数学概念；

——信息能力要求：掌握比特、字节、Unicode 编码等基本信息概念。

7.2 核心知识点说明及能力要求

三级包含 12 个核心知识点，核心知识点及对应的能力要求如表 7 所示，知识点排序不分先后。其中，名称中标注"（基本）"的知识点表明该知识点相比专业说法仅做基础性要求。

表 7 三级核心知识点说明及能力要求

编号	知识点名称	知识点说明	能 力 要 求
1	序列与元组类型	序列类型、元组类型及其使用	掌握并熟练编写带有元组的程序，具备解决有序数据组的处理问题的能力
2	集合类型	集合类型及其使用	掌握并熟练编写带有集合的程序，具备解决无序数据组的处理问题的能力
3	字典类型	字典类型的定义及基本使用	掌握并熟练编写带有字典类型的程序，具备处理键值对数据的能力
4	数据维度	数据的维度及数据基本理解	理解并辨别数据维度，具备分析实际问题中数据维度的能力
5	一维数据处理	一维数据表示、读写、存储方法	掌握并熟练编写使用一维数据的程序，具备解决一维数据处理问题的能力
6	二维数据处理	二维数据表示、读写、存储方法及 CSV 格式的读写	掌握并熟练编写使用二维数据的程序，具备解决二维数据处理问题的能力
7	高维数据处理	以 JSON 为格式的高维数据表示、读写方法	基本掌握编写使用 JSON 格式数据的程序，具备解决数据交换问题的能力
8	文本处理	以基本 re 库为内容的文本查找、匹配等基本方法	基本掌握编写文本处理的程序，具备解决基本文本查找和匹配问题的能力
9	数据爬取	以 requests 库为内容的页面级数据爬取方法	基本掌握网络爬虫程序的基本编写方法，具备解决基本数据获取问题的能力
10	（基本）向量数据	向量数据理解及以列表和 NumPy 为方式的多维向量数据表达	掌握向量数据的基本表达及处理方法，具备解决向量数据计算问题的基本能力
11	（基本）图像数据	图像数据理解及以 PIL 库为内容的基本图像数据处理方法	掌握图像数据的基本处理方法，具备解决图像数据问题的能力
12	（基本）HTML 数据	HTML 数据格式理解及 HTML 数据的基本处理方法	掌握 HTML 数据的基本处理方法，具备解决网页数据问题的能力

7.3 标准符合性规定

三级的符合性评测需要包含对三级各知识点的评测，知识点宏观覆盖度要达到 100%。

根据标准符合性评测的具体情况，给出基本符合、符合、深度符合三种认定结论。基本符合指每个知识点提供不少于 5 个具体知识内容，符合指每个知识点提供不少于 8 个具体知识内容，深度符合指每个知识点提供不少于 12 个具体知识内容。具体知识内容要与知识点实质相关。

用于交换和共享的青少年编程能力等级测试及试题应符合 GB/T 29802—2013 的规定。

7.4 能力测试要求

与三级相关的能力测试在标准符合性规定的基础上应明确考试形式和考试环境，考试要求如表 8 所示。

表 8　三级能力测试的考试要求

内　　容	描　　述
考试形式	理论考试与编程相结合
考试环境	支持 Python 程序运行的环境，支持文件读写，不限于单机版或 Web 网络版
考试内容	满足标准符合性规定（7.3 条）

8　四级要求详细说明

8.1　能力目标及适用性要求

四级以基本算法思维为能力目标，具体包括以下 4 方面：

——算法阅读能力：能够阅读带有算法的 Python 程序，了解程序运行过程，预测运行结果；

——算法描述能力：能够采用 Python 语言描述算法；

——算法应用能力：能够根据掌握的算法采用 Python 程序解决简单计算问题；

——算法评估能力：评估算法在计算时间和存储空间的效果。

四级与青少年学业存在如下适用性要求：

——前序能力要求：具备 Python 三级所述的适用性要求；

——数学能力要求：掌握简单统计、二元方程等基本数学概念；

——信息能力要求：掌握基本的进制、文件路径、操作系统使用等信息概念。

8.2　核心知识点说明及能力要求

四级包含 12 个核心知识点，核心知识点及对应的能力要求如表 9 所示，知识点排序不分先后。其中，名称中标注"（基本）"的知识点表明该知识点相比专业说法仅做基础性要求。

四级与一级、二级、三级之间存在整体递进关系，但其中第 1 到第 5 知识点不要求三级基础，可以在一级之后与二级或三级并行学习。

表 9　四级核心知识点说明及能力要求

编号	知识点名称	知识点说明	能 力 要 求
1	堆栈队列	堆、栈、队列等结构的基本使用	了解数据结构的概念，具备利用简单数据结构分析问题的基本能力
2	排序算法	不少于 3 种排序算法	掌握排序算法的实现方法，辨别算法计算和存储效果，具备应用排序算法解决问题的能力
3	查找算法	不少于 3 种查找算法	掌握查找算法的实现方法，辨别算法计算和存储效果，具备应用查找算法解决问题的能力
4	匹配算法	不少于 3 种匹配算法，至少含 1 种多字符串匹配算法	掌握匹配算法的实现方法，辨别算法计算和存储效果，具备应用匹配算法解决问题的能力
5	蒙特卡洛算法	蒙特卡洛算法及应用	理解蒙特卡洛算法的概念，具备利用基本蒙特卡洛算法分析和解决问题的能力

编号	知识点名称	知识点说明	能力要求
6	（基本）分形算法	基于分形几何，不少于3种算法	了解分形几何的概念，掌握分形几何的程序实现，具备利用分形算法分析问题的能力
7	（基本）聚类算法	不少于3种聚类算法	理解并掌握聚类算法的实现，具备利用聚类算法分析和解决简单应用问题的能力
8	（基本）预测算法	不少于3种以线性回归为基础的预测算法	理解并掌握预测算法的实现，具备利用基本预测算法分析和解决简单应用问题的能力
9	（基本）调度算法	不少于3种调度算法	理解并掌握调度算法的实现，具备利用基本调度算法分析和解决简单应用问题的能力
10	（基本）分类算法	不少于3种简单的分类算法	理解并掌握简单分类算法的实现，具备利用基本分类算法分析和解决简单应用问题的能力
11	（基本）路径规划算法	不少于3种路径规划算法	理解并掌握路径规划算法的实现，具备利用基本路径规划算法分析和解决简单应用问题的能力
12	算法分析	计算复杂性，以时间、空间为特点的基本算法分析	掌握计算复杂性的方法，具备算法复杂性分析能力

8.3 标准符合性规定

四级的符合性评测需要包含对四级各知识点的评测，知识点宏观覆盖度要达到100%。根据标准符合性评测的具体情况，给出基本符合、符合、深度符合三种认定结论。基本符合指每个知识点提供不少于5个具体知识内容，符合指每个知识点提供不少于8个具体知识内容，深度符合指每个知识点提供不少于12个具体知识内容。具体知识内容要与知识点实质相关。

用于交换和共享的青少年编程能力等级测试及试题应符合GB/T 29802—2013的规定。

8.4 能力测试要求

与四级相关的能力测试在标准符合性规定的基础上应明确考试形式和考试环境，考试要求如表10所示。

表10 四级能力测试的考试要求

内容	描述
考试形式	理论考试与编程相结合
考试环境	支持Python程序运行的环境，支持文件读写，不限于单机版或Web网络版；能够统计程序编写时间、提交次数、运行时间及内存占用
考试内容	满足标准符合性规定（8.3条）

———————

ICS 03.180
CCS A18

T/CERACU

全国高等学校计算机教育研究会团体标准

T/CERACU/AFCEC 100.3—2020

青少年编程能力等级
第 3 部分：机器人编程

Programming Ability for Adolescents
Part 3: Robot Programming

2020-12-28 发布   2021-01-01 实施

全国高等学校计算机教育研究会
全国高等院校计算机基础教育研究会   发布

目　次

前　言

本文件按照 GB/T 1.1—2020《标准化工作导则　第 1 部分：标准化文件的结构和起草规则》的规定起草。

本文件是《青少年编程能力等级》的第 3 部分。《青少年编程能力等级》已经发布了以下部分：

——第 1 部分：图形化编程；

——第 2 部分：Python 编程；

——第 3 部分：机器人编程；

——第 4 部分：C++编程。

《青少年编程能力等级》第 1、2 部分由 4 个团体联合发布，使用标准编号"T/CERACU/AFCEC/SIA/CNYPA 100"；第 3、4、5 部分由 2 个团体联合发布，使用标准编号"T/CERACU/AFCEC 100"。

请注意本文件的某些内容可能涉及专利。本文件的发布机构不承担识别专利的责任。

本文件由全国高等学校计算机教育研究会提出并归口。

本文件起草单位：清华大学、上海畅学教育科技有限公司、南京大学、华东师范大学、南京理工大学、南京晓庄学院、韩端科技（深圳）有限公司、深圳点猫科技有限公司、华南师范大学、韩山师范学院、湖北第二师范学院、黄山学院。

本文件主要起草人：陈永强、郑莉、佟钢、李盛辉、金莹、郑骏、俞洁、李千目、倪震、钟志刚、陈禹夙、伍大智、胡杰、陈明明、李天驰、孙悦、李泽、蒋亚杰、夏立、刘充、李腾、杨鹏、范裕怀、王洪江、郑耿忠、傅胤荣、陈宇、钱庆文。

引　言

《青少年编程能力等级》旨在规定青少年编程能力的等级划分及其相关能力要求。

《青少年编程能力等级》拟由五部分构成。

——第 1 部分：图形化编程。目的在于规定青少年图形化编程能力的等级划分及其相关能力要求。

——第 2 部分：Python 编程。目的在于规定青少年 Python 编程能力的等级划分及其相关能力要求。

——第 3 部分：机器人编程。目的在于规定青少年机器人编程能力的等级划分及其相关能力要求。

——第 4 部分：C++编程。目的在于规定青少年 C++编程能力的等级划分及其相关能力要求。

——第 5 部分：人工智能编程。目的在于规定青少年人工智能编程能力的等级划分及其相关能力要求。

本文件的发布团体共同约定如下知识产权规定：

1）本文件的知识产权（不含标准内容涉及的专利和软件著作权）归所有联合发布团体共同所有，任何机构（无论是否为起草单位和发布团体）和个人（无论是否为起草人）不得在未授权的情况下处置知识产权。任何机构和个人使用本文件名称时必须同时注明标准封面上的全部标准代号并说明发布机构，说明发布机构时必须列出全部联合发布团体，列出顺序与封面顺序一致（可注明排名不分先后）。本文件的全部或部分内容如被国家标准、行业标准使用，该内容的起草人须被列入国家标准、行业标准起草人，否则视为抄袭。本文件由联合发布团体共同授权专业出版机构独家出版。

2）本文件由联合发布团体的成员约定采用，同时供社会自愿采用。

3）任何采用本文件的产品和服务，应通过全国高等学校计算机教育研究会主持的标准符合性认证，或者通过所有联合发布团体共同授权的认证机构的标准符合性认证，取得符合本文件的认证证书后方可在产品和服务的包装标识、宣传和广告材料、协议合同等法律文件以及其他相关场合声明该产品和服务执行本文件。标准符合性认证证书是对产品和服务授权使用本文件的唯一形式，产品认证的版本、服务认证的有效期必须与执行标准的声明和标识一致。

4）任何企业和机构声明执行本文件但未指明具体服务和产品时，该企业和机构至少应该有一项服务和产品取得标准符合性认证证书，且认证的产品版本和认证的服务处于认证有效期内。

5）其他团体标准、企业标准采用本文件时应作为"规范性引用文件"明确列出，并在标准内容中明确引用具体章条。未经明确引用使用本文件内容视为侵权。

6）在学术研究、公开发表的文章和著作中使用本文件内容，应按照规范合法的方式引用，并将封面上的标准名称和完整编号列入参考文献。

青少年编程能力等级 第3部分：机器人编程

1 范围

本文件给出了青少年机器人编程能力的等级及其相关能力要求。

本文件适用于青少年机器人编程能力教学、培训及考核。

2 规范性引用文件

下列文件中的内容通过文中的规范性引用而构成本文件必不可少的条款。其中，注日期的引用文件，仅该日期对应的版本适用于本文件；不注日期的引用文件，其最新版本（包括所有的修改单）适用于本文件。

GB/T 29802—2013 信息技术学习、教育和培训 测试试题信息模型

3 术语和定义

下列术语和定义适用于本文件。

3.1

机器人 robot

可自动执行工作的可编程的机器装置。

3.2

机器人操作系统 robot operating system

用于编写机器人软件程序的一种具有高度灵活性的软件架构。

注：机器人操作系统包含了大量工具软件、库代码和约定协议，旨在简化跨机器人平台创建复杂、鲁棒的机器人行为这一过程的难度与复杂度。

3.3

机器人编程 robot programming

为使机器人完成某种任务而设置的动作顺序描述。机器人运动和作业的指令都是由程序进行控制，常见的编程方法有两种，示教编程方法和离线编程方法。

3.4

图形化编程平台 visual programming platform

面向青少年学习程序设计的编写程序软件平台。无须编写文本代码，只需要通过鼠标将具有特定功能的代码积木按照规则拼装起来就可以实现编程。

3.5

指令模块 instruction block

图形化编程平台中预定义的基本程序块或控件。在常见的图形化编程平台通常被称为"积木"。

3.6

活动 activity

机器人编程软件操作对象，用以创建新的组件、服务、函数或者其他代码模块，只要简单地将一个活动拖至流程图中，打开它就可以组成一个新的组件。

3.7

服务　service

机器人编程软件操作对象，一个具有标准接口、可以脱离当前程序化环的活动，用以创建新的组件、服务、函数或者其他代码模块。

3.8

变量　variable

在程序的执行过程中，其值可以变化的量。

3.9

计算　compute

用来计算数学公式，也可用来从其他组件或者文本框中提取数据。

3.10

数据　data

在计算机科学中指所有能输入计算机并被计算机程序处理的符号的介质的总称,具有一定意义的数字、字母、符号和模拟量等的通称。

3.11

程序　program

实现对应功能的工作流（流程图），可以在计算机上运行。

3.12

工作流　workflow

用于构建、管理和支持业务（应用）流程，它提供了一种用于人机工作分离的新模式。

3.13

仿真　simulation

为机器人模型实现现实世界中的物理仿真。

3.14

事件驱动编程　event-driven programming

一种编程模型。它的程序流程是由事件（通知）来决定的，如用户动作（鼠标点击和键盘按键按下），传感器输入/输出或者其他线程传来的消息。

3.15

有限状态机　finite state machine,FSM

有限状态机也称为状态图或者状态迁移图，是由有限数量的状态、状态间的迁移和动作组合成的一种行为模型。

3.16

了解　understand

对知识、概念或操作有基本的认知，能够记忆和复述所学的知识，能够区分不同概念之间的差别或者复现相关的操作。

3.17

掌握　master

能够理解事物背后的机制和原理，能够把所学的知识和技能正确地迁移到类似的场景中，以解决类似的问题。

3.18

综合应用 comprehensive application

能够根据不同的场景和问题进行综合分析，并灵活运用所学的知识和技能创造性地解决问题。

3.19

控制算法 the control algorithm

是在机电一体化中，在进行任何一个具体控制系统的分析、综合或设计时，首先应建立该系统的数学模型，确定其控制算法。

3.20

PID 算法 proportion integral differential

在过程控制中，按偏差的比例（P）、积分（I）和微分（D）进行控制的 PID 控制器（也称 PID 调节器）是应用最为广泛的一种自动控制器。

3.21

图像处理 image processing

用计算机对图像进行分析，以达到所需结果的技术，又称为影像处理。

3.22

传感器 transducer/sensor

是一种检测装置，能感受到被测量的信息，并能将感受到的信息，按一定规律变换成为电信号或其他所需形式的信息输出，以满足信息的传输、处理、存储、显示、记录和控制等要求。

3.23

命令语句 command language

指机器人操作系统使用的一种语言。

3.24

节点 node

在电信网络中，一个节点是一个连接点，表示一个再分发点（redistribution point）或一个通信端点（一些终端设备）。

3.25

类 Linux 操作系统

指以 Linux 内核为基础的，GNU/Linux 操作系统。

示例：

Red Hat Linux、Debian、Ubuntu 均为类 Linux 操作系统。

4 机器人编程能力等级概述

本文件将基于机器人编程能力划分为四个等级。每级分别规定相应的总体要求及对核心知识点的掌握程度和对知识点的能力要求。本文件第 5、6、7、8 章规定的要求均为机器人编程平台的编程能力要求，不适用于不借助平台仅使用程序设计语言编程的情况。

依据本文件进行的编程能力等级测试和认证，一级、二级、三级使用图形化编程平台，四级使用 C、C++或 Python 语言进行编程。应符合相应等级的总体要求及对核心知识点的掌握程度和对知识点的能力要求。

本文件不限定机器人操作系统版本，如 Ubuntu、Debian 等各种版本，以及运行在这些操作系统上的开源 ROS 机器人操作系统。应用案例作为示例和资料性附录给出。由于这些系统是开源的，并且零件是可以自由购买的，所以满足这些需求的成品或者半成品，甚至是自己组装的，都可以。举例如下：

技术参数：

——嵌入式控制器：OpenCR（32-bit ARM® Cortex® - M7）；

——SBC：Raspberry pi 3；

——舵机：Dynamixel 舵机 XM430-W210-T；

——电池续航时间：≥2h，充电时间约为 2h 30min；

——最大平移速度：0.26m/s；

——最大旋转速度：1.82rad/s (104.27deg/s)；

青少年编程能力机器人编程能力等级共包括四个级别，具体描述如表1所示。

表1 青少年编程能力机器人编程能力等级划分

等 级	能力要求	能力要求说明
机器人编程一级	掌握基本的机器人编程知识和能力，具备对常用运动机构开环控制能力	了解机器人运动结构；了解机器人操作系统的基本知识；能在图形化机器人编程平台中，学会编程对舵机、电机等机器人常用运动机构进行开环控制
机器人编程二级	具备通过传感器反馈对机器人闭环控制能力	了解PID控制算法，学会根据实际需要对P、I、D三个参数进行设置；具备通过传感器反馈进行闭环控制的思维能力，会使用一些机器人操作系统框架的现成功能包（库）；能够根据陀螺仪、角度传感器和编码器等传感器件反馈信号，掌握在图形化机器人编程平台中，对舵机、电机等机器人常用运动机构进行闭环控制
机器人编程三级	具备机器人系统集成编程和应用能力	在机器人操作系统平台中，了解图像处理技术；能根据实际问题，具备机器人集成应用和对实际问题的分析和解决能力。能编写程序利用视觉信息控制机器人
机器人编程四级	具备机器人编程综合设计与创新能力	通过掌握的方案，能够选择出最佳方案应对实际问题；能够在机器人编程、调试中融合多种传感器和算法解决实际问题；了解机器人操作系统下的编程，能够脱离图形化编程使用机器人进行编程；能编写程序通过视觉信息等多传感器信息进行融合，控制机器人

5 一级核心知识点及能力要求

5.1 综合能力及适用性要求

了解机器人运动结构、了解机器人操作系统的基本知识，在图形化机器人编程平台中，掌握通过编程对舵机、电机等机器人常用运动机构进行开环控制。具体要求如下：

a）要求能够了解机器人的种类，机器人的组成部分，舵机电机的种类、工作方式，需要了解机器人操作系统相关知识，以及具备简单的逻辑思维能力。

b）要求了解机器人操作系统最基本的命令。

c）要求了解机器人操作系统，并能对比其与 Windows 系统的差别。

d）动手能力要求：能够运用简单的器件搭建可运动的机器人。

e）编程能力要求：能够阅读工作流流程图，理解工作流运行逻辑，并能预测工作运行结果，能够使用基本调试（debug）方法对程序进行调试，规范变量、消息命名的能力；能够运用图形化编程利用机器人操作系统平台实现舵机或电机的运动。

f）操作能力要求：熟练掌握图形化编程工具的基本功能，能够创建工程，编写代码，编译代码；能够输入运行机器人操作系统命令。

g）应用能力要求：能够使用图形化编程环境编写简单程序，实现简单功能，例如控制机器人直行或转向等。

5.2 核心知识点能力要求

青少年编程能力等级机器人编程一级包括 15 个核心知识点，具体说明如表 2 所示。

表 2　机器人编程一级核心知识点及能力要求

编号	名　称	能 力 要 求
1	机器人软硬件系统	
1.1	机器人分类	了解人形机器人、轮式机器人、空中机器人、水中机器人等
1.2	机器人硬件组成	了解并能够表述不同类型机器人的执行部分，了解舵机与电机的区别，并了解舵机与电机的种类及工作方式。掌握运用简单的器件舵机/电机，搭建可以运动的简易机器人
1.3	机器人软件系统	掌握机器人操作系统基本文件操作：能够打开、关闭文件，会使用浏览器
1.4	机器人运动方式	了解机器人的运动方式：基本的轮式运动底盘、万向轮底盘等，履带运动方式，以及四旋翼飞行。了解这些运动方式的优缺点以及各自的应用场景
1.5	机器人与编程平台通信方式	了解机器人与编程平台常见的几种连接方法，并熟练掌握其中的一种连接方法
2	编程及算法	
2.1	图形化编程平台的使用	了解图形化编程的概念，以及掌握图形化编程平台基本功能的使用方法
2.2	机器人编程机制	了解机器人控制程序中通信的概念
2.3	控制结构	掌握通过顺序结构/循环结构的程序控制机器人运动
2.4	程序开发	掌握调试控制程序的观察法； 能够运用图形化编程环境，在机器人操作系统平台上驱动电机、舵机，让机器人运动
3	数据分析及反馈	
3.1	数据采集	掌握通过人工参数输入来采集数据。了解参数/角度/随机数的概念，掌握相关参数/角度/随机数的取值范围
3.2	控制信号输出	掌握将人工输入的参数变成控制信号输出到运动控制系统中
4	其他	
4.1	成本与效益	了解解决机器人编程问题的基本流程，能够选择出合适的解决方案
4.2	合作	按照分工角色，实现团队合作完成机器人项目
4.3	安全性	具备基本的安全意识
5	机器人发展对社会的影响	
5.1	文化	熟悉机器人发展的历史，并能列举生活中简单的使用机器人的案例

5.3 标准符合性规定

5.3.1 标准符合性总体要求

课程、教材、实验与能力测试应符合本文件第 5 章的要求，本文件以下内容涉及的"一级"均指本文件第 5 章规定的"一级"。

5.3.2 课程与教材的标准符合性

课程与教材的总体教学目标不低于一级的综合能力要求，课程与教材的内容涵盖一级的核心知识点不低于各知识点能力要求，则认为该课程或教材符合一级标准。

5.3.3 测试标准符合性

青少年机器人编程能力等级一级测试包含了对一级综合能力的测试不低于综合能力要求，测试题均匀覆盖了一级核心知识点并且难度不低于各知识点的能力要求。

5.4 能力测试形式与环境要求

5.4.1 能力测试形式

测试形式为通过笔试、实操相结合的形式得到综合成绩，通过建立标准化的笔试和实操试题库，笔试部分通过机考方式自动阅卷，实操部分由现场考评员根据知识得分点进行打分，综合成绩由笔试×65%+实操×35%构成。

5.4.2 环境要求

环境要求如下：
——图形化软件编程环境：Scratch、Blockly；
——机器人硬件：控制器为如 STM32 等系列的单片机。

6 二级核心知识点及能力要求

6.1 综合能力及适用性要求

在一级的能力要求基础上，了解 PID 控制算法，学会根据实际需要对 P、I、D 三个参数进行设置；具备通过传感器反馈进行闭环控制的思维能力，会使用一些机器人操作系统框架的现成功能包；能够根据陀螺仪、角度传感器和编码器等传感器件反馈信号，掌握在图形化机器人编程平台中，对舵机、电机等机器人常用运动机构进行闭环控制。具体要求如下：

a）机器人操作系统知识储备要求：要求了解机器人操作系统中包的概念，以及机器人操作系统工程的构成；

b）要求能够了解机器人控制算法，能够实现简单的 PID 控制；

c）编程能力要求：能够运用图形化编程环境在机器人操作系统平台下实现 PID 算法，并用其对电机、舵机进行有目的的控制，能够使用运行更多的机器人操作系统的功能包；

d）操作能力要求：熟悉机器人的构造，能够熟练操作机器人开关，以及功能按键，会使用键盘、鼠标操作机器人操作系统功能包；

e）调试能力要求：能够调试自己控制代码中的参数，使得控制结果接近自己的需求；

f）数学能力要求：了解正负数的基本概念，学会正负数的加减法；

g）应用能力要求：掌握利用 PID 算法控制机器人运动和利用传感器接收数据闭环控制机器人运动；

h）创新能力要求：运用机器人实现应用场景的功能。

6.2 核心知识点能力要求

青少年编程能力机器人编程二级包括 16 个核心知识点，具体说明如表 3 所示。

表 3 机器人编程二级核心知识点及能力要求

编号	名 称	能 力 要 求
1	机器人软硬件系统	
1.1	机器人硬件组成	传感部分：能识记和表述出不同类型机器人的传感部分，了解陀螺仪、角度传感器和编码器等常用传感器的工作原理、功能和特点
1.2	机器人软件系统	掌握机器人操作系统文件操作：能够删除、修改、保存文件内容
2	编程及算法	
2.1	机器人编程机制	了解机器人控制程序中消息的概念，掌握从话题到软件系统的消息通信机制
2.2	变量	了解变量及常用的数据类型
2.3	控制结构	掌握通过事件驱动/条件判断程序来控制机器人运动
2.4	模块化	掌握函数的自定义与调用方法，能够根据需求自定义函数，以完成相应的功能

编号	名 称	能 力 要 求
2.5	算法	了解 PID 控制算法的用途，以及算法的适用范围； 坐标系算法：掌握平面直角坐标系的使用，能够进行坐标计算，使用坐标进行定位
2.6	程序开发	运用图形化编程环境，通过调整 P、I、D 参数值进行闭环控制机器人运动
3	数据分析及反馈	
3.1	数据的采集	掌握获取陀螺仪、角度传感器和编码器等传感器件反馈信号，通过硬件获取声、光等信号
3.2	数据的分析	掌握通过获取的传感器数据，进行计算分析
3.3	控制信号输出	掌握将传感器信号计算结果变成控制信号输出到运动控制系统中
4	其他	
4.1	成本与效益	具备根据实际应用场景，制订计划并实现的能力；掌握多种不同运动方案的机器人搭建，实现同一功能，并比较各方案的差异和优缺点
4.2	合作	具备设计简单小组结构的分工，并参与各角色完成项目
4.3	质量与安全	能够对机器人的运行设计安全保护程序
5	机器人科学发展	
5.1	文化	了解机器人发展对人类社会既有正面推进作用，也有消极影响； 了解机器人在人类社会中的用途； 了解机器人与人类传统文化的相互影响
5.2	道德与法治	具备正确的价值观、职业素养和职业操守，能正确应用机器人技术解决社会问题

6.3 标准符合性规定

6.3.1 标准符合性总体要求

课程、教材、实验与能力测试应符合本文件第 6 章的要求，本文件以下内容涉及的"二级"均指本文件第 6 章规定的"二级"。

6.3.2 课程与教材的标准符合性

课程与教材的总体教学目标不低于二级的综合能力要求，课程与教材的内容涵盖二级的核心知识点不低于各知识点能力要求，则认为该课程或教材符合二级标准。

6.3.3 测试标准符合性

青少年机器人编程能力等级二级测试包含了对二级综合能力的测试不低于综合能力要求，测试题均匀覆盖了二级核心知识点并且难度不低于各知识点的能力要求。

6.4 能力测试形式与环境要求

6.4.1 能力测试形式

测试形式为通过笔试、实操相结合的形式得到综合成绩，通过建立标准化的笔试和实操试题库，笔试部分通过机考方式自动阅卷，实操部分由现场考评员根据知识得分点进行打分，综合成绩由笔试×50%+实操×50%构成。

6.4.2 环境要求

——图形化软件编程环境：Scratch、Blockly；

——机器人硬件：控制器为如 STM32 等系列的单片机；机器人为底盘带有电机、舵机、陀螺仪或角度传感器的轮式机器人。

7 三级核心知识点及能力要求

7.1 综合能力及适用性要求

在二级的能力要求基础上，在机器人操作系统平台中，了解图像处理技术；能编写程序通过图像信息和传感器信息控制机器人；能根据实际问题，具备机器人系统集成应用和问题解决能力。具体要求如下：

　　a）知识储备要求：要求掌握控制算法的使用，以及熟练掌握图形化编程的工具。

　　b）编程方式要求：要求不仅熟练掌握图像化编程语言，而且了解代码式编程方式（例如 C、C++ 或 Python 等开发语言）。

　　c）编程能力要求：要求熟练掌握图形化编程语言，能够熟练使用机器人操作系统环境，能够使用图形化编程语言在机器人操作系统环境下开发机器人，并且能够使用简单的 C 语言（或其他语言）编写代码。

　　d）数学能力要求：了解分数的概念，以及比例控制的算法实现原理，了解误差的概念。

　　e）传感器要求：要求了解并学会使用不同的传感器，如测距、测速、摄像头等。

　　f）机器视觉处理能力：要求了解并学会使用简单的图像处理，包括识别简单物品、巡线、分辨颜色等。

　　g）知识综合能力：要求能够把传感器的使用，以及底盘控制融合起来，使机器人具有一定的功能性，如更灵活的转向、视觉信号获取与处理、路径规划等。

7.2 核心知识点能力要求

　　青少年编程能力机器人编程三级包括 14 个核心知识点，具体说明如表 4 所示。

表 4　机器人编程三级核心知识点及能力要求

编号	名　称	能 力 要 求
1	机器人软硬件系统	
1.1	机器人硬件组成	传感部分：掌握摄像头、雷达等传感器的工作原理和特点，能够用传感器实现测距、测速、测角度和视觉传感等功能； 运动部分：至少掌握一种复杂转向系统的工作原理，如麦克纳姆轮； 硬件集成：能够把各传感器的使用，以及底盘控制融合起来，使机器人具有一定功能性
1.2	机器人软件系统	至少掌握一种主流机器人操作系统的使用，能够使用基本操作指令，包含启动、停止、查询等
1.3	机器人运动方式	理解复杂转向系统和简单转向系统的优缺点
2	编程及算法	
2.1	机器人编程机制	了解机器人控制程序中的服务概念，掌握利用服务让节点发送请求并接受响应
2.2	变量	掌握堆栈、队列和哈希表型数据，能够自定义数据类型
2.3	控制结构	掌握通过多线程、多进程编程方式，提高机器人系统的速度
2.4	模块化	能够调用第三方机器人操作系统的功能包
2.5	算法	了解机器人 SLAM 算法； 至少掌握一种机器视觉处理算法，包括识别简单物品、巡线和分辨颜色； 了解误差的概念和比例控制算法的实现原理，以优化机器人控制程序设计； 坐标系：能够通过图像处理技术提取黑线上点的坐标，对机器人位置进行控制
2.6	程序开发	掌握流程图的概念，能够绘制流程图，并设计和分析程序； 初步掌握一门代码式语言编写简单控制程序； 对机器人控制系统进行调试、故障分析和检修，学会判断机器人故障出处
3	数据采集及反馈	
3.1	数据的采集	能够获取摄像头等传感器反馈的数据
3.2	数据的分析	能够进行视觉图像处理
4	其他	
4.1	协同	能够将分析过程与结果、解决方案和成果交流分享给合作伙伴
5	机器人发展的影响	

续表

编号	名　　称	能　力　要　求
5.1	文化	理解机器人的发展和更新是由人类需求驱动的，对不同群体的影响有所不同
5.2	道德与法治	掌握包括发明专利等在内的知识产权的相关知识，树立正确的知识产权意识

7.3 标准符合性规定

7.3.1 标准符合性总体要求

课程、教材、实验与能力测试应符合本文件第 7 章的要求，本文件以下内容涉及的"三级"均指本文件第 7 章规定的"三级"。

7.3.2 课程与教材的标准符合性

课程与教材的总体教学目标不低于三级的综合能力要求，课程与教材的内容涵盖三级的核心知识点不低于各知识点能力要求，则认为该课程或教材符合三级标准。

7.3.3 测试标准符合性

青少年机器人编程能力等级三级测试包含了对三级综合能力的测试不低于综合能力要求，测试题均匀覆盖了三级核心知识点并且难度不低于各知识点的能力要求。

7.4 能力测试形式与环境要求

7.4.1 能力测试形式

测试形式为通过笔试、实操相结合的形式得到综合成绩，通过建立标准化的笔试和实操试题库，笔试部分通过机考方式自动阅卷，实操部分由现场考评员根据知识得分点进行打分，综合成绩由笔试×35%+实操×65%构成。

7.4.2 环境要求

环境要求如下：

——图形化软件编程环境：Scratch、Blockly；

——机器人硬件：控制器为 STM32 系列单片机、树莓派、mini 计算机主机；机器人为底盘带有电机、麦克纳姆轮、舵机、陀螺仪或角度传感器、激光测距传感器或超声波传感器、摄像头的轮式机器人。

8 四级核心知识点及能力要求

8.1 综合能力及适用性要求

在三级的能力要求基础上，要求了解 Linux 操作系统，能够掌握多种编程语言，能够运用编程实现自己有创意的想法。学会预演多种不同方案，并选择最合适的方案实现功能。具体要求如下：

a）知识储备要求：要求熟悉代码式编程语言（例如：C、C++或 Python）以及图形化编程语言，了解常用的传感器，并能够使用；

b）单片机技能要求：要求了解单片机，并能够使用至少一款单片机的基本功能；

c）机器人操作系统知识储备要求：要求能够在机器人操作系统平台下实现一个较为完善的机器人工程，并能够运用一些强大的功能包，让机器人具备更丰富的功能；

d）操作系统知识储备要求：要求了解机器人操作系统，能够使用机器人操作系统的基本功能，会使用命令框输入开关机等一些常用的命令语句；

e）编程方式要求：能够运用 C 语言实现机器人基本功能，了解 C++中的一些语法；

f）编程能力要求：要求能够实现图像处理、机器人控制等算法，能够在 Linux 操作系统下写 C 语言代码；

g）综合能力要求：要求能够融合所学的各部分知识，设计、制作一个完整的功能性机器人；

h）创新要求：能够应用学会的知识创造出有实用价值并具备一定创新性的机器人；

i）阅读/查阅能力要求：学会阅读了解自己需要的知识，能够在机器人操作系统官网或论坛中学会检索所需知识，能够拥有独立解决一定问题的能力。

8.2 核心知识点能力要求

青少年编程能力机器人编程四级包括 15 个核心知识点，具体说明如表 5 所示。

表 5 机器人编程四级核心知识点及能力要求

编号	名 称	能 力 要 求
1	机器人软硬件系统	
1.1	机器人硬件组成	控制部分：了解控制器（例如 STM32 系列单片机）的使用，了解常见的单片机型号，不同芯片的性能区别，并且能够使用至少一款单片机的基本功能
1.2	机器人软件系统	掌握用 C、C++或 Python 等语言在机器人操作系统上用机器人操作系统（例如 ROS）编程，能使用相关的功能包（库）
1.3	机器人运动方式	综合运用所学的各部分知识，设计、制作一个完整的功能性机器人；能够在机器人操作系统平台下实现一个较为完善的机器人工程，并能够运用一些强大的功能包，让机器人具备更丰富的功能
1.4	机器人与编程平台通信方式	了解并掌握串口通信使用方法，利用串口通信发送数据
2	编程及算法	
2.1	编程平台的使用	能够使用 Linux 系统（例如 Ubuntu）或机器人操作系统（例如 ROS）
2.2	机器人编程机制	掌握机器人控制程序中消息异常处理机制；掌握至少一款单片机的输入、输出、中断、定时器等机制，并能进行相关应用
2.3	模块化	具备复杂工程分解能力，让问题简单化；具备将问题转化成若干简单的问题，通过子程序或模块实现
2.4	算法	用代码式编程实现机器人 SLAM 算法；掌握粗略的非线性控制，例如分段 PID 控制算法
2.5	程序开发	能够完成代码的断点调试，排除功能错误
3	数据采集及反馈	
3.1	数据的采集	掌握通过代码式编程读取文件获取数据
3.2	数据的分析	掌握通过逻辑分析，思考处理数据的方法，以及分析通过数据得到的结果
3.3	控制信号输出	能够分析控制信号的输出是否异常，以及异常是由什么参数导致的
4	其他	
4.1	合作	能够搭建并领导团队完成机器人控制项目，解决复杂问题
5	机器人发展的影响	
5.1	文化	能够站在社会的高度系统性地考虑机器人技术的利弊，如机器人技术与和平的关系，机器人技术与教育的关系
5.2	道德与法治	理解道德和法律对机器人发展的影响随地区、领域的不同，可能产生推动或限制

8.3 标准符合性规定

8.3.1 标准符合性总体要求

课程、教材、实验与能力测试应符合本文件第 8 章的要求，本文件以下内容涉及的"四级"均指本文件第 8 章规定的"四级"。

8.3.2 课程与教材的标准符合性

课程与教材的总体教学目标不低于四级的综合能力要求，课程与教材的内容涵盖四级的核心知识点不低于各知识点能力要求，则认为该课程或教材符合四级标准。

8.3.3 测试标准符合性

青少年机器人编程能力等级四级测试包含了对四级综合能力的测试不低于综合能力要求，测试题均匀覆盖了四级核心知识点并且难度不低于各知识点的能力要求。

8.4 能力测试形式与环境要求

8.4.1 能力测试形式

测试形式为通过笔试、实操相结合的形式得到综合成绩，通过建立标准化的笔试和实操试题库，笔试部分通过机考方式自动阅卷，实操部分由现场考评员根据知识得分点进行打分，综合成绩由笔试×20%+实操×80%构成。

8.4.2 环境要求

环境要求如下：

——软件编程环境：Scratch、Blockly、C、C++、Python；

——机器人硬件：控制器为STM32系列单片机、树莓派、mini计算机主机；机器人为底盘带有电机、麦克纳姆轮、舵机、陀螺仪或角度传感器、激光测距传感器或超声波传感器、摄像头、激光雷达的轮式机器人。

附录 A

（资料性附录）

测试试题样例

A.1 一级测试样例

a）用两个电机分别驱动轮子搭建一辆差速轮式机器人，使用图形化编程调用机器人系统命令使机器人轮子转动，让机器人能够直行，并且差速转向。

要求：轮式机器人设计需合理，机器人能够实现运动、转向的功能。

b）用舵机和电机搭配组成一个轮式机器人，用图形化编程调用机器人系统命令使机器人电机和舵机能够转动，配合实现机器人的直行，转向。

要求：轮式机器人设计需合理，机器人能够实现运动、转向的功能。

c）用两个舵机制作两个自由度的机械臂，开环控制，用机器人系统命令能够驱动机械臂各个自由度的旋转。

要求：机械臂能够运动即可。

A.2 二级测试样例

a）分别搭建一台差速轮式机器人和舵机转向轮式机器人，用简单 P 控制算法，调节舵机的角度，和差速机器人的差速转向力，让机器人能够按一定的半径转向，并且在运动过程中实时控制机器人运行的速度。

要求：机器人能够比较稳定地运行，并且能够调节机器人运行的速度，分别以较低的速度和较高的速度运动，能够深刻体会 P 控制过程中造成低频抖动的原因。

b）在图形化编程中调用机器人系统命令运行 Beginner Tutorials（小乌龟实例程序），并且用键盘控制小乌龟的运动轨迹。

要求：深刻理解机器人系统节点的概念。

c）用三个舵机组成一个三自由度的机械臂，利用陀螺仪或角度传感器等实现机械臂的姿态读取，并利用简单的控制算法控制机械臂的姿态。

要求：机械臂有三个自由度，且姿态可控。

A.3 三级测试样例

a）用舵机和电机搭配组成轮式机器人，并装载摄像头，利用摄像头读取地面上的图片，提取其中的黑线，让机器人追踪地面黑线，并利用激光测距传感器或超声波实现障碍物的识别，并能够避开前方的障碍。用 PID 控制舵机和电机，保持机器人稳定寻迹。

要求：能够提取黑线上点的坐标，利用坐标进行机器人位置的控制；能够让机器人在控制下寻黑线绕圈，避开障碍；能够理解差速转向和舵机转向的区别和各自的优缺点。

b）用四个麦克纳姆轮组成轮式机器人，实现机器人横向和纵向运动，且能够自转。装载摄像头，利用颜色通道的数据区分不同色块，识别地面上不同色块的位置，控制机器人运动到指定色块内。

要求：能够利用麦克纳姆轮组成轮式机器人，并实现更灵活的运动方式；利用摄像头读取颜色信息，识别不同的颜色，控制机器人到指定色块内。

A.4 四级测试样例

a）选择一个合理的轮式机器人运动模型，并搭载激光雷达，陀螺仪等传感器，在 Linux 系统下运用机器人系统平台中 amcl、gmapping 等功能包实现机器人对现实环境的地图建立，并在建立的地图中进行路线规划、导航、避障等功能。并在此基础上利用舵机的配合实现扫地机器人的功能，利用单片机中断定时执行扫地作业，并对其进行指定闭合路径的循环作业。

　　要求：需要理解所选车模的优势和特点，并熟练操作 Linux 系统和使用机器人系统功能包；能够使用单片机编程，理解 I/O 接口、中断、定时器等功能。具备创新思维，能够综合所学技能独立开发功能性机器人。

　　b）使用机器人系统平台中 rviz 可视化界面等工具仿真现实环境中的机器人运行状况，并对机器人的路径进行设定。

　　要求：在 rivz 中观测机器人的运行状况，并能观测机器人运行过程中各种数据的变化，以及掌握如何调试机器人的参数的方法。

ICS 03.180
CCS A18

T/CERACU

全国高等学校计算机教育研究会团体标准

T/CERACU/AFCEC 100.4—2020

青少年编程能力等级
第 4 部分：C++编程

**Programming Ability for Adolescents
Part 4: C++ Programming**

2020-12-28 发布   2021-01-01 实施

全国高等学校计算机教育研究会
全国高等院校计算机基础教育研究会   发布

目　次

前　言

本文件按照 GB/T 1.1—2020《标准化工作导则　第 1 部分：标准化文件的结构和起草规则》的规定起草。

本文件是《青少年编程能力等级》的第 4 部分。《青少年编程能力等级》已经发布了以下部分：

——第 1 部分：图形化编程；

——第 2 部分：Python 编程；

——第 3 部分：机器人编程；

——第 4 部分：C++编程。

《青少年编程能力等级》第 1、2 部分由 4 个团体联合发布，使用标准编号"T/CERACU/AFCEC/SIA/CNYPA 100"；第 3、4、5 部分由 2 个团体联合发布，使用标准编号"T/CERACU/AFCEC 100"。

请注意本文件的某些内容可能涉及专利。本文件的发布机构不承担识别专利的责任。

本文件由全国高等学校计算机教育研究会提出并归口。

本文件起草单位：清华大学、华东师范大学、南京大学、江苏省计算机学会、中国电子技术标准化研究院、华南师范大学、辽宁师范大学、四川师范大学、湖北第二师范学院、北京师范大学第二附属中学、北京市八一学校、上海市上海中学、北京市育英学校、北京语言大学、南京理工大学、桂林电子科技大学、北京一零一中学、慕华诚志教育科技有限公司（爱学堂）、上海畅学教育科技有限公司、深圳市希科普股份有限公司、广东优品智学教育科技有限公司、韩山师范学院、北京聪明核桃教育科技有限公司、深圳点猫科技有限公司、韩端科技（深圳）有限公司、北京信息职业技术学院、北京学而思教育科技有限公司、南京工业职业技术学院、黄山学院、南通理工学院、西藏民族大学。

本文件主要起草人：郑莉、钟艳如、杨莉、汪星明、王析多、李超、刘洪、刘丹、郑骏、余云涛、师雪霖、佟钢、李盛辉、俞洁、庄义圣、郭超然、侯贵龙、赵慧周、伍大智、谭锐莘、冯晓亮、钱庆文、谢琛、刘明菲、朱广彬、巩长亮、宋伟、商愔、夏立、王祺磊、郑耿忠、黄伟、金莹、张洁、曹淑艳、毛黎莉、张会庆、蒋亚杰、刘军、王洪江、陈军、李千目、侯君、陈宇、李天驰、孙悦、钟志刚、胡杰、陈明明、耿秀华、王正科、董华星。

引　言

《青少年编程能力等级》旨在规定青少年编程能力的等级划分及其相关能力要求。

《青少年编程能力等级》拟由五部分构成。

——第 1 部分：图形化编程。目的在于规定青少年图形化编程能力的等级划分及其相关能力要求。

——第 2 部分：Python 编程。目的在于规定青少年 Python 编程能力的等级划分及其相关能力要求。

——第 3 部分：机器人编程。目的在于规定青少年机器人编程能力的等级划分及其相关能力要求。

——第 4 部分：C++编程。目的在于规定青少年 C++编程能力的等级划分及其相关能力要求。

——第 5 部分：人工智能编程。目的在于规定青少年人工智能编程能力的等级划分及其相关能力要求。

在本文件编制过程中广泛调研了我国中小学和校外培训机构目前开设 C++编程课程的情况。由于学生学习编程的目的和兴趣不同，不同地区开展 C++编程教育的条件、师资不同，本文件不规定适用的起始年龄和每级适用的年龄段，需要教育培训机构和教师根据学生特点和办学目标确定是否适用本文件、适用的等级与适配的年龄。为兼顾目前青少年编程教学的现状并保证 C++编程课程知识体系的完整性，编制本文件时设计的能力等级要求不仅适用于大学前也可适用于大学阶段，建议 4 级、5 级的能力要求适用于大学阶段。

本文件的发布团体共同约定如下知识产权规定：

1）本文件的知识产权（不含标准内容涉及的专利和软件著作权）归所有联合发布团体共同所有，任何机构（无论是否为起草单位和发布团体）和个人（无论是否为起草人）不得在未授权的情况下处置知识产权。任何机构和个人使用本文件名称时必须同时注明标准封面上的全部标准代号并说明发布机构，说明发布机构时必须列出全部联合发布团体，列出顺序与封面顺序一致（可注明排名不分先后）。本文件的全部或部分内容如被国家标准、行业标准使用，该内容的起草人须被列入国家标准、行业标准起草人，否则视为抄袭。本文件由联合发布团体共同授权专业出版机构独家出版。

2）本文件由联合发布团体的成员约定采用，同时供社会自愿采用。

3）任何采用本文件的产品和服务，应通过全国高等学校计算机教育研究会主持的标准符合性认证，或者通过所有联合发布团体共同授权的认证机构的标准符合性认证，取得符合本文件的认证证书后方可在产品和服务的包装标识、宣传和广告材料、协议合同等法律文件以及其他相关场合声明该产品和服务执行本文件。标准符合性认证证书是对产品和服务授权使用本文件的唯一形式，产品认证的版本、服务认证的有效期必须与执行标准的声明和标识一致。

4）任何企业和机构声明执行本文件但未指明具体服务和产品时，该企业和机构至少应该有一项服务和产品取得标准符合性认证证书，且认证的产品版本和认证的服务处于认证有效期内。

5）其他团体标准、企业标准采用本文件时应作为"规范性引用文件"明确列出，并在标准内容中明确引用具体章条。未经明确引用使用本文件内容视为侵权。

6）在学术研究、公开发表的文章和著作中使用本文件内容，应按照规范合法的方式引用，并将封面上的标准名称和完整编号列入参考文献。

青少年编程能力等级 第4部分：C++编程

1 范围

本文件给出了青少年 C++编程能力的等级及其相关能力要求。

本文件适用于青少年 C++编程能力教学、培训及考核。

2 规范性引用文件

下列文件中的内容通过文中的规范性引用而构成本文件必不可少的条款。其中，注日期的引用文件，仅该日期对应的版本适用于本文件；不注日期的引用文件，其最新版本（包括所有的修改单）适用于本文件。

GB/T 29802—2013 信息技术 学习、教育和培训 测试试题信息模型

3 术语和定义

本文件没有需要界定的术语和定义。

4 概述

本文件以培养青少年的计算思维、逻辑思维和编程能力为核心目标，涉及的语法限于 C++语言。本文件所定义的编程能力划分为五个等级，每级分别规定相应的总体要求、核心知识点以及所对应的能力要求。

本文件仅针对青少年编程能力需求，未覆盖全部 C++语法，不规定 C++语言编程环境。

本文件将青少年 C++语言编程能力等级分为五级，如表 1 所示。

表 1 青少年 C++语言编程能力的等级划分

等级	能 力 要 求	能力要求说明
一级	基本编程能力	具备基本编程逻辑思维，能够编写简单的结构化程序 [a]
二级	模块化编程能力	具备模块化编程思想，能够设计和编写模块化程序
三级	基础算法思维能力	掌握常见和常用算法，具有算法思维能力
四级	面向对象的编程能力（初步）	设计简单类/结构体、使用常见数据容器的编程等能力
五级	面向对象的编程能力（进阶）	理解继承、多态的概念和用途，实现简单的继承关系和多态性，掌握面向对象的程序设计方法
[a] 一级包括对函数和模块的使用，包括对标准函数和标准库的使用，但不包括函数和模块的定义		

5 一级规范

5.1 综合能力及适用性要求

一级以"基本编程能力"为目标，具体要求为以下 4 方面：

——阅读能力：能够阅读简单的 C++程序，发现语法错误，理解运行过程；

——编程能力：能够编写简单的 C++程序，正确运行程序；

——应用能力：能够采用 C++程序解决简单的实际问题；

——使用工具能力：能够使用 C++集成开发环境完成程序的编写、运行、测试和调试。

示例：

Dev C++是一种 C++开发环境。

5.2 核心知识点能力要求

一级共包含 8 个核心知识点，具体说明如表 2 所示。

表 2 一级核心知识点及能力要求

编号	知识点名称	知识点能力要求
1	数据的表示与存储	理解并掌握整数类型、浮点数类型、字符类型、布尔类型变量和常量的概念和应用
2	输入输出	掌握标准输入输出，会控制换行和显示精度
3	顺序结构	掌握顺序结构，具备解决算术运算基本问题的能力
4	选择结构	掌握选择结构，具备利用选择结构解决实际问题的能力
5	循环结构	掌握单循环结构，具备利用单循环结构解决实际问题的能力，了解两层嵌套循环的运行过程
6	一维数组	掌握一维数组，具备利用一维数组解决简单实际问题的能力
7	字符串常量	定义并使用字符串常量
8	C++开发环境使用	能够使用某一种 C++开发环境调试程序

6 二级规范

6.1 综合能力及适用性要求

二级以模块化编程能力为目标，具体要求为以下 3 方面：

——阅读能力：能够阅读模块化程序，理解程序运行过程；

——编程能力：能够编写和调试简单的模块化程序，能够在程序中使用简单的算法解决问题；

——应用能力：能够采用模块化程序和递归思想解决简单的实际问题。

二级与青少年学业存在如下适用性要求：

——前序能力要求：具备一级所描述的适用性要求；

——数学能力要求：了解数组和函数的基础知识。

6.2 核心知识点能力要求

二级核心知识点能力要求建立在一级核心知识点能力要求之上。二级共包括 6 个核心知识点，具体说明如表 3 所示。

表 3 二级核心知识点及能力要求

编号	知识点名称	知识点能力要求
1	多维数组	掌握编写带有二维数组的程序，了解三维及以上数组的语法，具备使用二维数组解决实际问题的能力
2	指针	了解指针的基本概念（声明、赋值等），能够使用指针处理数组，在函数中使用指针类型参数
3	字符串类型	了解 string 类，掌握 string 对象的定义、输入和输出，具备使用 string 对象解决实际问题的能力。了解 C 语言风格字符串的存储形式和简单应用
4	程序的流程控制	掌握选择嵌套和多重循环的使用方法
4.1	选择结构嵌套	掌握编写包含一重选择和多重选择嵌套结构的程序，具备使用多重选择结构解决实际问题的能力
4.2	多层嵌套循环	掌握编写多层嵌套循环结构程序，具备使用多层嵌套循环解决实际问题的能力
5	模块化思想	掌握模块化设计、自定义函数的编写及调用
5.1	模块化设计	理解模块化设计思想，具备使用模块化思想解决简单实际问题的能力
5.2	自定义函数	掌握自定义函数的语法形式、类型和返回值，具备编写自定义函数程序的能力

续表

编号	知识点名称	知识点能力要求
5.3	自定义函数调用	掌握自定义函数的值调用和引用调用，具备使用自定义函数解决实际问题的能力
5.4	递归	理解递归思想，掌握递归调用方法，具备利用递归解决简单实际问题的能力
6	简单算法设计	能够了解算法设计的基本思想，设计简单算法解决简单问题

7 三级规范

7.1 综合能力及适用性要求

掌握程序中一些基础算法，并且能用这些算法解决一些问题模型；了解类与对象的基础知识，能够理解简单的抽象与封装。三级重点培养学生用计算机程序解决问题的能力，锻炼学生的计算思维，更进一步体验计算机解决问题的特点与优势。

三级以基础算法思维能力为目标，基础算法包括模拟、穷举、迭代、排序、二分、贪心、深度优先搜索、广度优先搜索，能力目标如下：

——算法描述能力：能够使用自然语言或者算法描述工具（如流程图）描述算法的执行过程；

——算法阅读能力：能够阅读带有算法的 C++程序，可以使用纸和笔模拟算法运行过程、预测运行结果，评价算法的正确性；

——问题建模能力：能够从问题描述中发现可以使用基础算法求解的问题，使用算法描述工具描述解决问题的过程；

——算法实现能力：能够基于算法描述使用 C++语言实现算法，能够调试程序以获得正确结果；

——算法评价能力：能够从时间复杂度、空间复杂度等方面评价算法的效率；

——抽象和封装能力：了解面向对象程序设计中抽象和封装的基本思想，了解将算法和数据进行封装的方法。

三级与青少年学业存在如下适用性要求：

——前序能力要求：具备二级所描述的适用性要求；

——数学能力要求：了解数列的基础知识。

7.2 核心知识点能力要求

三级核心知识点能力要求建立在一、二级核心知识点能力要求之上。三级核心知识点如表4所示。

表 4 三级核心知识点及能力要求

编号	知识点名称	知识点能力要求
1	模拟算法	掌握用变量表示状态、用语句和过程表示事物的发展的方法，达到解决问题的能力
2	穷举算法	能够查找一定范围的内容，加入筛选条件，找出符合要求的答案
3	迭代算法	掌握用循环结构和数组解决数列等一系列求值问题的方法
4	排序算法	掌握选择排序、冒泡排序等基本排序算法，了解快排、归并、堆排等排序原理
5	二分算法	了解二分算法的基本原理和它的优越性，并能处理一些简单的分治问题
6	贪心算法	了解局部最优性原理，能借助贪心算法解决一些全局最优性问题
7	字符串相关算法	了解 C 语言风格字符串常用的处理函数，掌握 string 类的常用功能，并能处理字符串相关问题
8	深度优先搜索	理解深度优先搜索的原理，能够对一些可行解问题设计深度优先搜索算法
9	广度优先搜索	理解广度优先搜索的原理，能够对一些可行解问题设计广度优先搜索算法
10	面向对象编程初步	了解类与对象的基本概念、抽象和封装的思想，能够定义单个类，使用对象

8 四级规范

8.1 综合能力及适用性要求

四级以初步的面向对象的编程为能力目标，具体能力要求如下：

——阅读能力：能够阅读简单的面向对象的程序，理解程序运行过程；

——编程能力：能够编写简单的面向对象的程序，正确运行程序；

——应用能力：能够初步采用面向对象的程序解决简单的实际问题；

四级与青少年学业存在如下适用性要求：

——前序能力要求：具备三级所述的适用性要求；

——数学能力要求：了解向量（没有学向量的也可以用"封装的一维数组"这个概念替代和解释）、列表、双端队列、集合、多重集合、映射、多重映射的基础知识。

8.2 核心知识点能力要求

四级核心知识点能力要求建立在一、二、三级核心知识点能力要求之上。四级共包括 6 个核心知识点，具体说明如表 5 所示。

表 5 四级核心知识点及能力要求

编号	知识点名称	知识点能力要求
1	面向对象编程	了解面向对象程序设计的基本特点；了解面向对象程序设计方法与面向过程程序设计方法的区别；具备利用面向对象编程思想分析实际问题的能力
2	类与对象	能够定义和使用类和对象
2.1	类的概念和定义	能够定义和使用类
2.1.1	类的成员	能够定义和使用类的成员
2.1.2	成员的访问方式和权限	能够定义用不同方式和在不同范围访问成员
2.2	对象的概念和定义	能够定义和使用对象
2.3	对象的初始化和删除	能够对对象进行初始化和删除
2.4	对象的复制	能够通过复制构造实现对象的复制
2.5	对象在函数间共享	了解对象在函数间共享的设计意义及语法规定，能够定义共享机制
2.6	对象数组	掌握对象数组的定义和对象指针使用方法
2.7	成员对象	掌握成员对象的定义和使用方法
2.8	结构体	理解结构体是一种特殊的类 注：在教学中可以将结构体与指针结合讲解简单的链表结构，但不宜作为考核的内容，可在第五级介绍 SLT 时介绍使用封装的链表
3	静态成员	能够定义和使用静态数据成员和静态成员函数
4	友元	能够定义和使用友元
4.1	友元说明和定义	理解友元的概念
4.2	友元函数	能够定义和使用友元函数
4.3	友元成员	能够定义和使用友元成员
4.4	友元类	能够定义和使用友元类
5	重载	能够理解函数重载和运算符重载
5.1	函数重载	能够理解构造函数重载、类成员函数重载、类以外一般函数重载
5.2	运算符重载	掌握使用成员函数和友元重载运算符
6	容器	了解 vector 容器，具备利用 vector 解决实际问题的能力

9 五级规范

9.1 综合能力及适用性要求

五级以进阶的面向对象的编程为能力目标,具体能力要求如下:

——阅读能力:能够阅读面向对象的程序,理解程序运行过程,理解类的重用机制;

——编程能力:能够编写面向对象的程序,正确运行程序,能够设计和实现类的组合、继承两种方式的重用,能够理解多态性的用途并能够恰当应用多态性,初步了解类模板与函数模板,初步了解C++标准模板库(STL);

——应用能力:能够采用面向对象的程序解决简单的实际问题。

五级与青少年学业的适用性要求与四级相同。

9.2 核心知识点能力要求

五级共包括4个核心知识点,具体说明如表6所示。

表6 五级核心知识点及能力要求

编号	知识点名称	知识点能力要求
1	类的重用	理解类重用的设计意义及语法规定,能够定义类的重用关系
1.1	类的组合	理解类组合的设计意义及语法规定,能够定义类的组合关系
1.1.1	组合类的定义	能够实现组合类的定义
1.1.2	组合类对象的初始化和删除	能够在类定义时设计和实现基本类型成员和对象成员的初始化和删除
1.2	类之间的引用	能够在类定义时设计和实现类之间的引用关系
1.3	类的继承	能够设计和实现类之间的继承关系,实现对象的初始化和删除
1.3.1	继承关系的定义	能够设计和实现类之间的继承关系
1.3.2	派生类对象的初始化和删除	能够设计和实现派生类对象的初始化和删除
2	多态性	能够理解具有多态性的程序,实现设计中的多态性意图
2.1	多态性的概念和语法	能够设计和实现具有多态性的程序
2.2	多态性的应用	能够编写程序,实现设计中的多态性意图
3	模板	了解函数模板与类模板
3.1	函数模板	了解函数模板的概念和语法,能够编写和使用单个类型参数的函数模板
3.2	类模板	了解类模板的概念和语法,能够编写和使用单个类型参数的类模板
4	STL库	了解STL库

10 标准符合性规定

10.1 标准符合性总体要求

本文件第5章~第9章规定的一至五级规范可单独使用,课程、教材与能力测试符合某一级规范即在该级符合标准。

10.2 课程与教材的标准符合性

符合本文件某级规范的课程与教材的总体教学目标应不低于该级的能力要求,课程与教材的内容应涵盖该级的核心知识点并不低于各知识点的能力要求。

10.3 测试的标准符合性

符合本文件某级规范的测试应包含对该级各知识点能力及综合能力的测试,测试题均匀覆盖了该级核心知识点并且难度不低于本文件对该级的能力要求。

用于交换和共享的青少年编程能力等级测试及试题应符合 GB/T 29802—2013 的规定。

10.4 能力测试形式与环境要求

测试应明确测试形式及测试环境，具体要求如表7所示。

表 7 能力测试形式及环境要求

内　容	描　述
测试形式	客观题与主观题（编程）两种题型，一级主观题分值不低于30%，二至五级主观题分值不低于40%
测试环境	能够进行符合本文件测试要求的 C++ 编程环境

ICS　03.180
CCS　A18

T/CERACU

全国高等学校计算机教育研究会团体标准

T/CERACU/AFCEC　100.5—2022

青少年编程能力等级
第 5 部分：人工智能编程

Programming Ability for Adolescents
Part 5: AI Programming

2022-05-09 发布　　　　　　　　　　　　　2022-06-01 实施

全国高等学校计算机教育研究会
全国高等院校计算机基础教育研究会　发布

目　次

前　言

本文件按照 GB/T 1.1—2020《标准化工作导则　第 1 部分：标准化文件的结构和起草规则》的规定起草。

本文件是《青少年编程能力等级》的第 5 部分。《青少年编程能力等级》已经发布了以下部分：

——第 1 部分：图形化编程；

——第 2 部分：Python 编程；

——第 3 部分：机器人编程；

——第 4 部分：C++编程；

——第 5 部分：人工智能编程。

《青少年编程能力等级》第 1、2 部分由 4 个团体联合发布，使用标准编号"T/CERACU/AFCEC/SIA/CNYPA 100"；第 3、4、5 部分由 2 个团体联合发布，使用标准编号"T/CERACU/AFCEC 100"。

请注意本文件的某些内容可能涉及专利。本文件的发布机构不承担识别专利的责任。

本文件由全国高等学校计算机教育研究会提出并归口。

本文件起草单位：华东师范大学、清华大学、威盛电子（中国）有限公司、北京邮电大学、南开大学、东南大学、南京大学、南京信息工程大学、云物大智（厦门）教育科技有限公司、北京童程童美科技有限公司、深圳点猫科技有限公司、上海市浦东教育发展研究院、上海市晋元高级中学、海安市实验中学、上海畅学教育科技有限公司、广东优品智学教育科技有限公司、龙岩学院、盛海智芯（厦门）智能科技有限公司、重庆市江北区教师进修学院、厦门鑫玥创益教育科技有限公司、马鞍山市新都小学、新云网科技集团股份有限公司、贵州省实验中学。

本文件主要起草人：郑骏、郑莉、黄鸣曦、吴永和、李青、赵宏、李骏杨、胡文心、陈奕骏、金莹、张洁、马利、孙善明、余少勇、佟钢、巩长亮、吴平颐、郁晓华、马严、居晓波、王戈、李艳、曾维义、赵旭颖、曹月阳、郑元杰、黄浩、温光耀、林孝璋、孙时敏、范小莉、赵何水、陈顺义、刘海、陈文曲、唐向阳、陈观水、祝钰、黄琦皓、李登旺、陈贞翔。

引　言

《青少年编程能力等级》旨在规定青少年编程能力的等级划分及其相关能力要求。

《青少年编程能力等级》拟由五部分构成。

——第 1 部分：图形化编程。目的在于规定青少年图形化编程能力的等级划分及其相关能力要求。

——第 2 部分：Python 编程。目的在于规定青少年 Python 编程能力的等级划分及其相关能力要求。

——第 3 部分：机器人编程。目的在于规定青少年机器人编程能力的等级划分及其相关能力要求。

——第 4 部分：C++编程。目的在于规定青少年 C++编程能力的等级划分及其相关能力要求。

——第 5 部分：人工智能编程。目的在于规定青少年人工智能编程能力的等级划分及其相关能力要求。

编制本文件的目的是通过规定循序渐进的能力目标，规范青少年人工智能编程教育的课程建设、教材建设与能力测试。

在本文件编制过程中，编写组广泛调研了目前我国中小学和培训机构开设青少年人工智能编程课程的情况。由于青少年学习编程的目的和兴趣不同，地区间开展青少年人工智能编程教育的条件存在差异，本文件不规定标准适用的起始年龄和每级适用的年龄段，需要培训机构和教师根据学生特点和办学目标确定是否适用本文件、适用的等级与适合的年龄。为兼顾目前青少年人工智能编程教育的现状，编制本文件时设计的能力等级要求不仅适用于义务教育阶段，也适用于高中阶段。

本文件是一个用于青少年人工智能技术素养与技能提升的标准，旨在帮助青少年通过人工智能编程，了解人工智能的特点与应用范围，理解大数据、算力与算法对人工智能技术的支撑作用，体验人工智能在相关领域的应用，初步掌握青少年人工智能编程的基础知识和基本方法。

本文件的发布团体共同约定如下知识产权规定：

1）本文件的知识产权（不含标准内容涉及的专利和软件著作权）归所有联合发布团体共同所有，任何机构（无论是否为起草单位和发布团体）和个人（无论是否为起草人）不得在未授权的情况下处置知识产权。任何机构和个人使用本文件名称时必须同时注明标准封面上的全部标准代号并说明发布机构，说明发布机构时必须列出全部联合发布团体，列出顺序与封面顺序一致（可注明排名不分先后）。本文件的全部或部分内容如被国家标准、行业标准使用，该内容的起草人须被列入国家标准、行业标准起草人，否则视为抄袭。本文件由联合发布团体共同授权专业出版机构独家出版。

2）本文件由联合发布团体的成员约定采用，同时供社会自愿采用。

3）任何采用本文件的产品和服务，应通过全国高等学校计算机教育研究会主持的标准符合性认证，或者通过所有联合发布团体共同授权的认证机构的标准符合性认证，取得符合本文件的认证证书后方可在产品和服务的包装标识、宣传和广告材料、协议合同等法律文件，以及其他相关场合声明该产品和服务执行本文件。标准符合性认证证书是对产品和服务授权使用本文件的唯一形式，产品认证的版本、服务认证的有效期必须与执行标准的声明和标识一致。

4）任何企业和机构声明执行本文件但未指明具体服务和产品时，该企业和机构至少应该有一项服务和产品取得标准符合性认证证书，且认证的产品版本和认证的服务处于认证有效期内。

5）其他团体标准、企业标准采用本文件时应作为"规范性引用文件"明确列出，并在标准内容中明确引用具体章条。未经明确引用使用本文件内容视为侵权。

6）在学术研究、公开发表的文章和著作中使用本文件内容，应按照规范合法的方式引用，并将封面上的标准名称和完整编号列入参考文献。

青少年编程能力等级 第5部分：人工智能编程

1 范围

本文件规定了青少年人工智能编程能力的等级及其对应的能力要求。

本文件适用于青少年人工智能编程能力教学和测试。

2 规范性引用文件

下列文件中的内容通过文中的规范性引用而构成本文件必不可少的条款。其中，注日期的引用文件，仅该日期对应的版本适用于本文件；不注日期的引用文件，其最新版本（包括所有的修改单）适用于本文件。

T/CERACU/AFCEC/SIA/CNYPA 100.1—2019 青少年编程能力等级 第1部分：图形化编程

T/CERACU/AFCEC/SIA/CNYPA 100.2—2019 青少年编程能力等级 第2部分：Python 编程

T/CERACU/AFCEC 100.3—2020 青少年编程能力等级 第3部分：机器人编程

T/CERACU/AFCEC 100.4—2020 青少年编程能力等级 第4部分：C++编程

3 术语和定义

T/CERACU/AFCEC/SIA/CNYPA 100.1—2019、T/CERACU/AFCEC/SIA/CNYPA 100.2—2019、T/CERACU/AFCEC 100.3—2020、T/CERACU/AFCEC 100.4—2020 界定的以及下列术语和定义适用于本文件。

3.1

青少年人工智能编程 artificial intelligence programming for adolescents

为完成某种人工智能技术任务而进行的程序开发活动，包含人工智能应用和人工智能算法。本文件中所述"人工智能编程"，若未特别注明年龄段，皆指青少年人工智能编程。

注1：

编程中用的编程语言主要指 Python 和图形化编程语言。

注2：

本文件中所定义的人工智能编程不是指利用人工智能技术进行软件开发的活动。

3.2

人工智能编程平台 artificial intelligence programming platform

人工智能编程平台包括人工智能图形化编程平台、人工智能硬件仿真编程平台和人工智能代码编程平台，具有硬件连接和硬件仿真能力。编程人员可在该平台上开发、调试和执行程序，基于人工智能应用案例，完成人工智能应用程序的设计、验证和应用。

3.3

人工智能硬件 artificial intelligence hardware

在青少年人工智能编程教学活动中使用的硬件/硬件组件，配备微处理器，具有便捷性和可扩展性；能够进行数据采集与多媒体播放，下载图形化编程平台或代码编程平台，执行人工智能相关的软件包，完成人工智能应用程序的演示。

3.4

人工智能教学环境 teaching environment for artificial intelligence

用于青少年人工智能教学的各类软硬件集合，包含人工智能编程平台（3.2）和人工智能硬件（3.3），以及教学和测试场所。

4 人工智能编程能力的等级划分

本文件将青少年人工智能编程能力划分为四个等级，分别规定了相应的知识与能力要求，如表1所示。申请测试的对象应达到相应能力等级的综合要求，方可通过认证。

表1 人工智能编程能力等级划分

等级	能力要求	解释说明
一级	了解人工智能基础知识，了解身边的人工智能常见应用；了解人工智能图形化编程平台	了解人工智能基础知识，具备基本编程逻辑思维； 了解身边的人工智能常见应用，并能够借助人工智能图形化编程平台与人工智能硬件完成人工智能应用的体验； 了解人工智能图形化编程平台中图形化编程界面组成及使用方法、了解编程的基础知识，了解程序的三种基本结构； 初步了解人工智能的发展历史、其与人类社会生活的关系，以及存在的风险
二级	掌握人工智能图形化编程平台的编程功能，理解语音识别和图像识别的技术及其应用，初步认识人工智能硬件，能实现简单的人工智能应用开发	掌握人工智能图形化编程平台和人工智能硬件的操作方法； 能够通过人工智能图形化编程平台体验人工智能应用示例，能够理解和应用语音识别和图像识别； 能够通过修改参数实现对示例的改编，完成人工智能应用程序的开发； 了解人工智能的历史、发展过程及其面临的挑战，感受人工智能对社会的影响
三级	了解人工智能教学环境中常用的输入输出设备，初步认识神经网络模型；能基于适合的输入输出设备设计具有相应功能的人工智能应用程序	了解人工智能教学环境中常用输入输出设备的类型和作用； 掌握人工智能图形化编程平台中读取输入设备信息的方法； 掌握人工智能图形化编程平台中常用功能模块的使用方法； 能够通过人工智能图形化编程平台，体验自主训练神经网络模型的过程； 能够结合现实中的问题，选择适合的输入输出设备搭建场景，使用人工智能图形化编程平台，实现具有相应功能的人工智能应用程序； 了解人工智能对社会生活的正面影响和负面影响
四级	了解人工智能基础算法，能够基于示例完成神经网络算法的验证与改编，了解核心算法的基本概念	能够基于人工智能代码编程平台，运用Python语言实现人工智能应用程序的编写； 了解数据处理与算法思想，掌握人工智能核心算法概念，能够根据需求选择合适的算法； 了解人工智能编程平台中的代码编程功能，熟悉人工智能功能指令库的调用和使用方法； 能够通过示例完成神经网络算法的验证与改编； 具有人工智能领域的安全意识，关注人工智能应用中的伦理问题

5 一级核心知识点及能力要求

5.1 总体要求

人工智能编程一级的总体要求为：

——了解人工智能的基础知识；

——了解身边的人工智能常见应用；

——了解人工智能图形化编程平台界面组成及使用方法；

——了解编程的基础知识；

——了解程序的三种基本结构；

——能够编写简单的程序。

5.2 核心知识点与能力要求

青少年编程能力等级人工智能编程一级包括 15 个核心知识点及对应的能力要求，具体说明如表 2 所示。

表 2 人工智能编程一级核心知识点与能力要求

编号	知识点名称	能力要求
1	人工智能的基础知识	—
1.1	身边的人工智能	了解人工智能在生活中的应用。可以根据描述或生活体验判断某项功能或某种产品是人工智能的应用（如智能音箱、语音助手、天气助手、地图导航、人脸和车牌识别门闸、无人驾驶汽车）
1.2	人工智能三要素概述	了解人工智能具有三要素：数据、算法、算力，了解其在生活应用中的体现
1.3	人工智能中的语音识别和图像识别	了解人工智能主要技术，了解人工智能中语音识别、图像识别应用，能够辨别身边的人工智能应用，包括但不限于语音识别和图像识别等方面
2	人工智能编程	—
2.1	人工智能图形化编程平台的使用	了解人工智能图形化编程平台中人工智能模块的使用方法，会打开和运行程序示例
2.2	人工智能图形化编程的基本要素	了解人工智能图形化编程的基本要素（如舞台、角色、造型、背景、人工智能模块）之间的关系
2.3	人工智能图形化编程平台基础功能主要区域的划分及使用	了解在人工智能图形化编程平台主要区域（如舞台区、角色区、人工智能指令模块区、创作区）的划分及素材（如角色、背景和音乐）的使用
2.4	基本文件操作	了解基本的文件操作，能够打开、新建、命名和保存文件，能够打开人工智能程序示例
2.5	程序的启动和停止	了解人工智能程序示例启动和停止的方法
2.6	算法三种不同程序结构	了解算法三种不同的程序结构，能分辨出具有不同结构的简单程序
2.7	人工智能图形化编程平台参数调整	人工智能图形化编程平台功能中，能够根据任务要求在平台的样例程序中修改参数，完成人工智能程序的参数调整
3	人工智能典型应用	—
3.1	语音识别和图像识别的应用领域	了解语音识别和图像识别在生产生活中的应用（如智能家居、智能校园、智能物流、智能交通、智能医疗等），并能够借助人工智能硬件完成人工智能的学习与体验
3.2	体验简单人工智能程序	能够使用人工智能图形化编程平台体验程序示例
4	人工智能发展与挑战	—
4.1	人工智能的发展与历史	了解人工智能发展历程中出现的重要人物和事件，初步形成自己的认知观，能够总结和表述出所学内容
4.2	人工智能与社会生活	了解人工智能技术给生活带来的变化与积极影响。通过了解人工智能在生活中的作用，感受人工智能给生活、生产带来的便利
4.3	人工智能安全与伦理	了解人工智能应用可能会给人类社会带来的风险。了解人工智能应用的安全、伦理和隐私问题

6 二级核心知识点及能力要求

6.1 总体要求

在一级的能力要求基础上：

——进一步熟悉人工智能图形化编程平台的操作方法；

——能够通过人工智能编程平台，体验和了解已有的人工智能运用在语音识别、图像识别的案例；

——会通过修改参数实现示例程序的改编，完成简单的人工智能应用程序的开发。

6.2 核心知识点与能力要求

青少年编程能力人工智能编程二级包括 10 个核心知识点及对应的能力要求，具体说明如表 3 所示。

表 3　二级核心知识点与能力要求

编号	知识点名称	能 力 要 求
1	人工智能的基础知识	—
1.1	人工智能三要素	能够说出人工智能三要素（数据、算法、算力）的定义及其主要内容； 能够辨别身边的事物中人工智能三要素及其作用
1.2	语音识别和图像识别	能够说出语音识别和图像识别的定义； 能够举例说明语音识别与图像识别在生活中的应用场景及其功能； 能够分析某项功能或某种产品使用语音识别或图像识别的原因
1.3	人工智能与人类智能	能够说出"人的大脑"组成结构，解释人脑中人类智能的产生过程； 能够解释人的感官与计算机传感器的异同； 能够解释人的感知过程和计算机的感知过程的异同
2	人工智能编程	—
2.1	人工智能语音识别指令	掌握人工智能图形化编程平台中语音识别功能的调用接口和使用方法； 能够根据任务要求，在图形化编程中使用人工智能语音识别指令（如声音控制类指令、唤醒词类指令、文字朗读类指令、语音识别类指令），完成简单的人工智能应用程序的开发
2.2	人工智能图像识别指令	掌握人工智能图形化编程平台中图像识别功能的调用接口和使用方法； 能够根据任务要求，在图形化编程中使用图像识别指令（如数字识别指令、形状识别指令、表情识别指令、物体类别指令、图标识别指令），完成简单的人工智能应用程序的开发
2.3	人工智能硬件控制	了解语音与图像应用相关的硬件组件，会运用人工智能图形化编程平台控制人工智能硬件，包括但不限于：摄像头、传声器（麦克风）、扬声器、显示屏
3	人工智能典型应用	—
3.1	人工智能行业应用	了解语音识别和图像识别在生活中的应用情况（如智能家居、智能校园、智能物流、智能交通、智能制造、智能医疗），能够列举出具体的应用案例，并对其中的原理进行说明
3.2	设计人工智能程序	能够基于人工智能编程平台以及人工智能硬件，独立编写具有一定实用性的简单人工智能应用程序
4	人工智能发展与挑战	—
4.1	人工智能的发展	了解人工智能的定义，了解人工智能的诞生和发展历程，能够辩证地看待机器是否足够智能的问题
4.2	人工智能对社会的影响	了解人工智能对社会的影响，包含文化、生活、经济、社会结构、思维方式与观念和心理上的影响

7　三级核心知识点及能力要求

7.1　总体要求

在二级能力要求基础上：

——了解人工智能教学环境中常用的输入输出设备的类型和作用；

——掌握人工智能硬件仿真编程平台上常用功能模块的设置方法，能够根据给定任务进行编程实现相应的功能；

——能够通过人工智能硬件仿真编程平台体验自主训练神经网络模型；

——能结合现实中的问题选择适合的输入输出设备搭建情景，设计并通过图形化编程实现具有相应功能的人工智能应用程序。

7.2 核心知识点与能力要求

青少年编程能力人工智能编程三级包括 12 个核心知识点及对应的能力要求，具体说明如表 4 所示。

表 4 三级核心知识点与能力要求

编号	知识点名称	能力要求
1	人工智能的基础知识	—
1.1	认识数据与算法	能够说出数据的定义、数据与信息的关系； 能够说出大数据的定义，举例说明大数据在生活中的应用； 能够说出数据采集、算法、计算机高级语言的定义，了解 Python 语言
1.2	语音识别概念和流程	能够说出语音识别基本流程的工作内容：语音输入、声音的特征提取、模式识别、文字输出； 能够通过人工智能编程平台进行语音交互设计，了解语音识别的特点、优势及其局限性
1.3	图像识别概念和流程	能够说出图像识别基本流程的工作内容：图像采集、图像预处理、特征提取、模式匹配； 能够通过人工智能编程平台进行图像识别应用设计，了解图像识别的特点、优势及局限性
1.4	智能控制环境下的输入输出设备	了解人工智能教学环境中常用输入输出设备的功能，包括但不限于以下输入输出设备：超声波传感器、温湿度传感器、红外热释电传感器、红外寻线传感器、旋转角度电位计、振动传感器、舵机、电机等
2	人工智能编程	—
2.1	智能控制环境下的输入输出设备	掌握人工智能硬件仿真编程平台中常用输入输出设备的调用与控制方法； 会通过人工智能硬件仿真编程平台图形化编程功能读取输入设备的信息，并通过人工智能编程硬件仿真平台图形化编程功能控制常见的输出设备，如控制窗帘开闭
2.2	编程创作人工智能案例	能编程读取输入设备与控制输出设备，自主创作具有人工智能场景监控功能的案例（如利用传感器获取环境信息，并通过计算控制输出设备执行动作）
2.3	人工智能 Python 编程	通过人工智能硬件仿真编程平台了解图形化编程与 Python 编程的对应关系，能在图形化程序的帮助下初步读懂相应的 Python 代码
3	人工智能典型应用	—
3.1	人工智能行业应用	能够描述人工智能在智能家居、智能校园、智能物流、智能交通、智能制造、智能医疗中的主要应用场景
3.2	人工智能应用程序设计	能够结合生活中的实际应用问题，设计人工智能应用程序（如人脸识别门锁）
3.3	神经网络的应用体验	通过人工智能硬件仿真编程平台体验神经网络的功能，进行自主训练神经网络模型
4	人工智能发展与挑战	—
4.1	人工智能应用及其社会影响	能够结合典型实例举例说明人工智能在家庭、社区、城市、网络等生活领域的应用中如何使用人工智能； 能够辩证地阐述人工智能对社会生活的正面影响以及负面影响
4.2	人工智能中互联网、物联网的应用安全与伦理	能够说出人工智能在互联网与物联网应用中安全防护的常用方法和策略； 具有保护个人隐私信息的意识，了解尊重他人的隐私信息的重要性； 能够说出人工智能伦理规范的主要要求； 了解信息安全受国家相关法律法规的保护和约束

8 四级核心知识点及能力要求

8.1 总体要求

在三级的能力要求基础上，要求面对具体的问题，选择合适数据，设计解决方案，运用人工智能代码编程平台进行人工智能编程,实现相关任务与功能,最终达到具备使用人工智能应用程序解决问题的能力。

8.2 核心知识点与能力要求

青少年编程能力人工智能编程四级包括12个核心知识点及对应的能力要求,具体说明如表5所示。

表5 四级核心知识点与能力要求

编号	知识点名称	能 力 要 求
1	人工智能的基础知识	—
1.1	数据与大数据	认识数据,能够区分数据的不同形式,了解大数据的特点,阐述数据对于人工智能的重要性; 能够有意识地使用编程的方式对大数据进行整理、分析,解决生活中的问题
1.2	数据处理与算法思想	了解人工智能对数据的处理过程; 了解基本的人工智能算法思想
1.3	人工智能核心算法概念	了解常用人工智能的核心算法,如启发式搜索、回归算法、决策树、神经网络,以及深度学习; 能够在具体的应用场合选择合适的算法解决问题; 了解深度学习给当今人工智能发展带来革命性进展的原因,能够列举主要的深度学习方法(如卷积神经网络、循环神经网络),了解这些方法的基本网络结构与主要应用场景
2	人工智能编程	—
2.1	人工智能 Python 编程	能够基于人工智能代码编程平台,运用 Python 实现人工智能应用程序的编写、修改、调试、运行和部署; 能够在人工智能编程平台上调用人工智能相关类库
2.2	人工智能核心算法运用	能够运用人工智能核心算法(同1.3所列),学会调用和运行人工智能代码编程平台上提供的人工智能核心算法示例程序,并能够设置程序中的参数,实现算法程序的改写
2.3	深度学习算法运用	能够基于人工智能代码编程平台上提供的示例完成算法原理、参数调整、算法验证的学习; 能够在人工智能代码编程平台上训练模型(语音模型、图像模型等),并且会将模型下载到人工智能硬件上使用,实现模型的训练与应用
3	人工智能典型应用	—
3.1	人工智能机器视觉应用	能够列举机器视觉在身边的应用,并分析其中使用的技术; 能够根据任务要求,基于机器视觉进行方案设计; 能够使用人工智能硬件获取图像数据,通过修改示例对数据进行分析和识别
3.2	人工智能自然语言处理应用	能够列举自然语言处理在身边的应用,并分析其中使用的技术; 能够根据任务要求,基于自然语言处理进行方案设计; 能够使用人工智能硬件获取语音、文本数据,通过修改示例对数据进行分析和识别
3.3	其他人工智能算法应用	能够列举 3.1、3.2 以外的人工智能技术在身边的应用,并针对这些应用使用人工智能硬件获取多种数据,通过修改示例对数据进行分析和识别,并应用到案例设计中
4	人工智能的安全、伦理和价值	—
4.1	人工智能领域中的安全问题	了解人工智能设备使用的安全常识; 在使用人工智能设备时应具有安全意识,遵守相关安全规定; 具有自觉遵守智能化社会法规的意识
4.2	人工智能领域中的伦理问题	辨析当前人工智能与人类智能的区别与联系; 论述人工智能和传统道德伦理及法律秩序之间的矛盾,列举深度学习技术的伦理规范,分析人工智能在医疗、交通、应急救援重点领域和特殊行业中遇到的具体问题

编号	知识点名称	能 力 要 求
4.3	人工智能的价值	能够评价人工智能给科技进步带来的利与弊； 能够评价人工智能的社会价值，辩证地说出社会智能化的巨大价值和潜在风险

9 标准符合性规定

9.1 标准符合性总体要求

本文件第 5 章～第 8 章规定的一至四级规范可单独使用，课程、教材与能力测试符合某一级规范即在该级符合标准。

9.2 课程与教材的标准符合性

符合本文件某级规范的课程与教材的总体教学目标应不低于该级的能力要求，课程与教材的内容应涵盖该级的核心知识点并不低于各知识点的能力要求。

9.3 测试的标准符合性

符合本文件某级规范的测试应包含对该级各知识点能力及综合能力的测试，测试题均匀覆盖了该级核心知识点并且难度不低于本文件对该级的能力要求。

9.4 能力测试形式与环境要求

测试包含客观题和主观题两种形式。客观题占总分不高于 60%；主观题由编程和实操组成，占总分不低于 40%。

一、二级使用的编程语言为图形化编程语言；三级使用的编程语言为图形化编程语言和 Python 语言；四级使用的编程语言为 Python 语言。

一、二、三级课程、教学与考试软硬件要求见附录 A，四级课程、教学与考试软硬件要求见附录 B。

附录 A

（规范性附录）

一、二、三级课程、教学与考试软硬件要求

A.1 软件部分 1：人工智能图形化编程平台要求

A.1.1 对程序管理功能的要求

应能提供程序的管理功能，包括：

——新建程序；

——保存程序；

——打开程序。

A.1.2 对多文字语言模式功能的要求

应能提供的语言模式，包括：

——中文（简体）；

——中文（繁体）；

——英文（美国）。

A.1.3 对舞台显示对象及参数调整功能的要求

应能提供舞台显示对象，并可以调整该对象的参数。

对象应包括：

——角色；

——背景；

——列表；

——图表；

——摄像头画面；

——文字；

——文本输入框；

——变量框。

A.1.4 对舞台对象角色列表管理功能的要求

应能提供舞台对象角色列表的管理功能，包括：

——新建舞台角色（新建方式应包括从角色库中选择、从角色库中搜索、随机从角色库中选择、绘制舞台角色、上传舞台角色）；

——删除舞台角色；

——修改舞台角色信息（可修改的信息宜包括名称、坐标、显示和隐藏、大小、方向）；

——调整舞台角色的展示顺序；

——复制舞台角色；

——导出舞台角色；

——从角色库中搜索角色；

——从文件中上传角色；

——修改舞台角色造型。

A.1.5 对舞台背景列表管理功能的要求

应能提供舞台背景列表的管理功能，包括：

——新增舞台背景（新增方式应包括从背景库中选择、从背景库中搜索、随机从背景库中选择、绘制舞台背景、上传舞台背景）；

——删除舞台背景；

——修改舞台背景信息（可修改的信息应包括名称、坐标、大小、方向、颜色、层级、图片类型、自定义舞台背景内容、拆分舞台背景、合并舞台背景）；

——调整舞台背景的展示顺序；

——复制舞台背景；

——导出舞台背景。

A.1.6 对声音列表管理功能的要求

应能提供声音列表的管理功能，包括：

——新增声音（新增方式应包括从声音库中选择声音、从声音库中搜索声音、随机从声音库中选择声音、录制声音、上传声音）；

——删除声音；

——修改声音信息（可修改的信息应包括名称、声音的播放速度、声音的音量大小、声音的渐变效果、声音的播放方向、声音的音色）；

——调整声音的播放顺序；

——复制声音；

——导出声音。

A.1.7 对积木功能类别的要求

应能提供多种功能类别的积木，并按形状分类，每一类别的积木具有特定的功能，包括：

——开始功能类别；

——结束功能类别；

——顺序功能类别；

——循环功能类别；

——判断功能类别；

——参数功能类别。

A.1.8 对积木控制的内容的要求

积木可控制舞台对象、控制计算机自带或外置硬件（含仿真）。

控制内容应包括：

——舞台角色；

——舞台背景；

——舞台列表；

——舞台图表；

——舞台文字；

——舞台声音；

——计算机自带或外置摄像头；

——计算机自带或外置麦克风；

——其他外接传感器。

A.1.9 对积木提供侦测功能的要求

积木提供的侦测功能应包括：

——侦测鼠标指针、舞台边缘、角色；

——侦测颜色；

——侦测角色到鼠标指针、其他角色的距离；

——侦测鼠标的坐标；

——侦测传感器；

——侦测键盘按键、鼠标按键；

——侦测声音响度；

——侦测时间；

——侦测文本输入。

A.1.10 对积木与其他内容产生效果的要求

积木可与其他内容产生效果，效果应包括：

——舞台角色、舞台背景移动；

——舞台角色、舞台背景旋转；

——改变舞台角色、舞台背景固定角度；

——改变舞台角色、舞台背景坐标；

——改变舞台角色、舞台背景颜色；

——改变声音；

——改变音量；

——改变舞台角色、舞台背景外观；

——改变舞台角色、舞台背景特效；

——改变舞台角色造型；

——改变舞台角色、舞台背景层级显示顺序；

——舞台角色、舞台背景显示和隐藏；

——舞台角色碰撞；

——改变舞台角色、舞台背景效果；

——克隆舞台角色。

A.1.11 对积木提供运算功能的要求

积木提供的运算功能应包括：

——四则运算；

——比较大小；

——随机取数；

——余数；

——绝对值；

——与或非；

——条件是否成立；

——连接文本；

——文本字符个数；

——文本包含关系。

A.1.12 对积木提供变量的功能的要求

积木提供变量的功能应包括：

——显示和隐藏；

——定义变量；

——变量运算；

——变量属性设置。

A.1.13 对编辑积木的功能的要求

应能提供编辑积木的功能，包括：

——组合积木；

——拆分积木；

——移动积木；

——复制积木；

——删除积木；

——批量删除积木；

——注释积木。

A.1.14 对提供代码与积木的对照功能的要求

应能提供从积木组成的图形化程序映射为 Python 程序代码的功能。

A.1.15 对素材库内容的要求

应能提供素材库，素材内容应包括：

——角色；

——声音；

——背景；

——示例程序。

A.1.16 对自制积木功能（自定义函数）的要求

应能提供自制积木功能，其内容应包括：

——该积木的名称；

——该积木的输入项；

——该积木的输入值；

——该积木的文本标签。

A.1.17 对硬件管理功能的要求

应能提供硬件管理功能，包括：

——硬件连接接口；

——硬件固件升级；

——选择硬件并列出对应的积木。

A.1.18 对程序与硬件双向控制功能的要求

应能通过程序控制硬件，也可根据硬件状态反馈控制程序，包括：

——程序中的舞台角色与舞台背景；

——硬件反馈发出声音、显示图像；

——硬件控制传感器。

A.1.19 对积木控制传感器的功能要求

积木应能控制传感器的功能，包括：

——读取传感器数值；

——控制传感器开关；

——检测传感器状态。

A.1.20 对积木提供的 AI 功能的要求

a）积木应能提供图像识别功能，包括：

- 形状识别：可以识别的形状应包括矩形、菱形、圆形；
- 颜色识别：可以识别红、橙、黄、绿、青、蓝、紫、黑、白；
- 字符识别。

b）积木应能提供语音识别功能，包括：

- 语音 ASR 识别：可以识别特定的中文语句；
- 语音合成：可以根据输入的中文内容发声并控制播放声色和速度。

c）积木应能提供算法功能，包括：

- 制作线性回归图表、分析结果、展示方程；
- 神经网络。

A.1.21 对积木扩展功能的要求

积木应能提供扩展功能，包括：

——外接硬件；

——基于网络的 AI 功能。

A.2 软件部分 2：人工智能硬件仿真编程平台功能要求

A.2.1 对程序管理功能的要求

应能提供程序的管理功能，包括：

——新建程序；

——保存程序；

——打开程序；

——程序上传到设备；

——在设备端运行程序。

A.2.2 对多文字语言模式功能的要求

应能提供的语言模式，包括：

——中文（简体，中国大陆）；

——中文（繁体，中国台湾）；

——英文（美国）。

A.2.3 对舞台显示对象及参数调整功能的要求

应能提供舞台显示对象，并可以调整该对象的参数。

对象应包括：

——角色；

——背景；

——列表；

——图表；

——摄像头画面；

——文本输入框；

——变量框。

A.2.4 对舞台对象角色列表管理功能的要求

应能提供舞台对象角色列表的管理功能，包括：

——新建舞台角色（新建方式应包括从角色库中选择、从角色库中搜索、随机从角色库中选择、绘制角色、上传角色）；

——删除舞台角色；

——修改舞台角色信息（可修改的信息宜包括名称、坐标、显示和隐藏、大小、方向）；

——调整舞台角色的展示顺序；

——复制舞台角色；

——导出舞台角色；

——从角色库中搜索角色；

——从文件中上传角色；

——修改舞台角色造型。

A.2.5 对舞台背景列表管理功能的要求

应能提供舞台背景列表的管理功能，包括：

——新增舞台背景（新增方式应包括从背景库中选择、从背景库中搜索、随机从背景库中选择、绘制舞台背景、上传舞台背景）；

——删除舞台背景；

——修改舞台背景信息（可修改的信息应包括名称、坐标、大小、方向、颜色、层级、图片类型、自定义舞台背景内容、拆分舞台背景、合并舞台背景）；

——调整舞台背景的展示顺序；

——复制舞台背景；

——导出舞台背景。

A.2.6 对声音列表管理功能的要求

应能提供声音列表的管理功能，包括：

——新增声音（新增方式应包括从声音库中选择声音、从声音库中搜索声音、随机从声音库中选择声音、录制声音、上传声音）；

——删除声音；

——修改声音信息（可修改的信息应包括名称、声音的播放速度、声音的音量大小、声音的渐变效果、声音的播放方向、声音的音色）；

——调整声音的播放顺序；

——复制声音；

——导出声音。

A.2.7 对积木功能类别的要求

应能提供多种功能类别的积木，并按形状分类，每一类别的积木具有特定的功能，包括：

——开始功能类别；

——结束功能类别；

——顺序功能类别；

——循环功能类别；

——判断功能类别；

——参数功能类别。

A.2.8 对积木控制的内容的要求

积木可控制舞台对象、控制计算机自带或外置硬件（含仿真）。

控制内容应包括：

——舞台角色；

——舞台背景；

——舞台列表；

——舞台图表；

——舞台文字；

——舞台声音；

——计算机自带或外置摄像头；

——计算机自带或外置麦克风；

——其他外接传感器。

A.2.9 对积木提供侦测功能的要求

积木提供的侦测功能应包括：

——侦测鼠标指针、舞台边缘、角色；

——侦测颜色；

——侦测角色到鼠标指针、其他角色的距离；

——侦测鼠标的坐标；

——侦测传感器；

——侦测键盘按键、鼠标按键；

——侦测声音响度；

——侦测时间；

——侦测文本输入。

A.2.10 对积木与其他内容产生效果的要求

积木可与其他内容产生效果，效果应包括：

——舞台角色、舞台背景移动；

——舞台角色、舞台背景旋转；

——改变舞台角色、舞台背景固定角度；

——改变舞台角色、舞台背景坐标；

——改变舞台角色、舞台背景颜色；

——改变声音；

——改变音量；

——改变舞台角色、舞台背景外观；

——改变舞台角色、舞台背景特效；

——改变舞台角色造型；

——改变舞台角色、舞台背景层级显示顺序；

——舞台角色、舞台背景显示和隐藏；

——舞台角色碰撞；

——改变舞台角色、舞台背景效果；

——克隆舞台角色。

A.2.11 对积木提供运算功能的要求

积木提供的运算功能应包括：

——四则运算；

——比较大小；

——随机取数；

——余数；

——绝对值；

——与或非；

——条件是否成立；

——连接文本；

——文本字符个数；

——文本包含关系。

A.2.12 对积木提供变量的功能的要求

积木提供变量的功能应包括：

——显示和隐藏；

——定义变量；

——变量运算；

——变量属性设置。

A.2.13 对编辑积木的功能的要求

应能提供编辑积木的功能，包括：

——组合积木；

——拆分积木；

——移动积木；

——复制积木；

——删除积木；

——批量删除积木；

——注释积木。

A.2.14 对提供代码与积木的对照功能的要求

应能提供从积木程序映射为 Python 程序代码的功能。

A.2.15 对素材库内容的要求

应能提供素材库，素材内容应包括：

——角色；

——声音；

——背景；

——示例程序。

A.2.16 对自制积木功能（自定义函数）的要求

应能提供自制积木功能，其内容应包括：

——该积木的名称；

——该积木的输入项；

——该积木的输入值；

——该积木的文本标签。

A.2.17 对硬件管理功能的要求

应能提供硬件管理功能，包括：

——硬件连接接口；

——硬件固件升级；

——选择硬件并列出对应的积木。

A.2.18 对程序烧录功能的要求

应能提供程序烧录功能，包括：

——将程序上传至外置硬件存储；

——将程序上传至外置硬件存储并运行。

A.2.19 对积木控制传感器功能的要求

积木应能控制传感器的功能，包括：

——读取传感器数值；

——控制传感器开关；

——检测传感器状态。

A.2.20 对积木提供的 AI 功能的要求

a）积木应能提供图像识别功能，包括：

- 形状识别：可以识别的形状应包括矩形、菱形、圆形；
- 颜色识别：可以识别红、橙、黄、绿、青、蓝、紫、黑、白；
- 字符识别。

b）积木应能提供语音识别功能，包括：

- 语音 ASR 识别：可以识别特定的中文语句；
- 语音合成：可以根据输入的中文内容发声并控制播放声色和速度。

c）积木应能提供算法功能，包括：

- 制作线性回归图表、分析结果、展示方程；
- 神经网络。

A.2.21 对积木扩展功能的要求

积木应能提供扩展功能，包括：

——外接硬件；

——基于网络的 AI 功能。

A.2.22 对硬件仿真功能的要求

应能提供可交互的图像、模仿硬件的实际功能、展示硬件的外观与实际效果的硬件仿真功能。仿真范围应包括：

——硬件外观；

——硬件配套件；

——外接传感器；

——固定件；

——屏幕显示内容；

——按键交互；

——传感器交互。

A.3 硬件部分 1：硬件要求（一、二级）

A.3.1 软件平台运行对硬件的要求

本硬件用于编写和执行图形化程序，运行内置的 AI 模型，并通过 USB 接口连接和控制 AI 硬件终端采集音视频信息及传感器，应包括：

——桌面计算机；

——笔记本计算机。

A.3.2 对外置 AI 硬件的要求

外置 AI 硬件的功能包括：

——通信接口，通过线材连接计算机与外置 AI 硬件，用于控制与外置 AI 硬件的摄像头、麦克风、扬声器及各类传感器。接口规格包括 USB Type-C、microUSB 等各类标准接口；

——摄像头，可以采集图像信息用于 AI 图像识别，摄像头分辨率不低于 480P；

——麦克风，可以采集音频信息用于 ASR 语音识别；

——扬声器，用于播放各类音频，应包括播放 AI 合成的语音、音乐等；

——其他传感器，设备应具备传感器或具有扩展传感器的能力。

A.3.3 对 AI 运算专用平台的要求

AI 运算专用平台用于编写和执行图形化程序，运行内置的 AI 模型得出运算结果。

AI 运算专用平台包括：

——边缘计算终端；

——云端 AI 运算服务器。

A.4 硬件部分 2：硬件功能要求（三级）

A.4.1 软件平台运行对硬件的要求

本硬件用于编写和执行图形化程序，运行内置的 AI 模型，并通过 USB 接口连接和控制 AI 硬件终端采集音视频信息及传感器，应包括：

——桌面计算机；

——笔记本计算机。

A.4.2 对外置 AI 硬件的要求

外置 AI 硬件用于运行编写的程序，其功能应包括：

——通信接口，通过 USB 接口连接计算机与外置 AI 硬件，并将编写完成的代码烧录至外置 AI 硬件。接口规格宜包括 USB Type-C、microUSB 等各类标准接口；

——具有运行 AI 模型的能力；

——能够以有线或无线的方式连接、控制传感器并接收其反馈的信号，传感器类型包括按键、旋

钮、温湿度传感器、环境光传感器、陀螺仪;

——摄像头,可以采集图像信息用于 AI 图像识别,摄像头分辨率不低于 480P;

——麦克风,采集音频信息用于 ASR 语音识别;

——扬声器,用于播放各类音频,应包括播放 AI 合成的语音、音乐等。

A.4.3 对 AI 运算专用平台的要求

AI 运算专用平台用于运行图形化程序、训练 AI 工程,包括:

——边缘计算终端;

——云端 AI 运算服务器。

附录 B

（规范性附录）

四级课程、教学与考试软硬件要求

B.1 软件部分：人工智能代码编程平台要求

B.1.1 对预装 Python 编程环境的要求

预装至少一种主流 Python 编程环境，包括：

——Jupyter/Jupyter Notebook；

——PyCharm；

——Visual Studio Code；

——Sublime Text；

——VI/Vim。

B.1.2 对预装 Python 第三方库的要求

预装常用 Python 第三方库，包括：

——beautifulsoup4；

——graphviz；

——imageio；

——ipython；

——jieba；

——Keras；

——Matplotlib；

——NumPy；

——OpenCV；

——Pandas；

——pip；

——Pygments；

——scikit-learn；

——SciPy；

——TensorFlow；

——wheel；

——wordcloud。

B.1.3 对 Python 编程工具的要求

预装至少一种自研 Python 编程工具，可以将程序烧录到主控板，并控制各种传感器。

B.1.4 对主菜单栏的要求

主菜单栏为基本功能提供入口，包括：

——连接硬件或断开硬件；

——显示硬件连接状态；

——新建项目；

——打开本地项目；

——打开外接设备中的项目；

——管理项目；

——保存到本地、关闭项目。

B.1.5 对代码及信息显示区的要求

代码及信息显示区为编写代码提供必要功能，包括：

——新建一个或多个.py文件；

——代码自动补全；

——编译信息显示；

——运行结果显示。

B.1.6 对资源区的要求

资源区可让用户加载调用资源，包括：

——从资源区导入程序文件；

——从资源区导入库、模型文件；

——从资源区导入图片、音频、视频资源。

B.1.7 对代码输出区的要求

代码输出区提供运行、调试代码或输出日志功能，包括：

——运行代码；

——停止运行代码；

——清除日志。

B.1.8 对自定义库的要求

应能提供多种人工智能自定义库调用，包括：

a）摄像头库。用户可以通过调用接口使用外接摄像头设备，识别出颜色、颜色组合、形状、人脸、交通标志、手写字符，包括：

- 开启摄像头；
- 关闭摄像头；
- 获取识别结果；
- 单一颜色识别；
- 组合颜色识别；
- 形状识别；
- 人脸识别；
- 交通标志识别；
- 字符识别。

b）视频显示库。用户可以在主控板屏幕上显示外接摄像头拍摄到的视频，包括：

- 开启摄像头；
- 关闭摄像头；
- 屏幕中显示摄像头传输影像，并用矩形框圈出指定物体。

c）外置AI硬件板载语音识别库。该库服务于外置AI硬件案例板载语音识别，该语音识别使用的是外置AI硬件上的识别系统，包括：

- 初始化板载语音识别库；
- 释放板载语音识别库；
- 获取自定义模型列表；
- 获取板载预置模型列表；
- 设定设备播报语音识别库；
- 删除指定的模型；
- 开始训练模型；
- 载入指定模型。

B.1.9 对扩展传感器的要求

支持通过将程序、模型烧录到主控板本地运行，控制多种数字量、模拟量传感器，包括：

——DHT11 温湿度传感器；

——土壤湿度传感器；

——光敏传感器；

——超声波传感器；

——红外避障传感器。

B.2 硬件部分：硬件功能要求

B.2.1 软件平台运行对硬件的要求

本硬件用于编写和执行图形化程序，运行内置的 AI 模型，并通过 USB 接口连接和控制 AI 硬件终端采集音视频信息及传感器，应包括：

——桌面计算机；

——笔记本计算机。

B.2.2 对外置 AI 硬件的要求

外置 AI 硬件用于运行编写的程序，其功能应包括：

——通信接口，通过 USB 接口连接计算机与外置 AI 硬件，并将编写完成的代码烧录至外置 AI 硬件。接口规格宜包括 USB Type-C、microUSB 等各类标准接口；

——具有运行 AI 模型的能力；

——能够以有线或无线的方式连接、控制传感器并接收其反馈的信号，传感器类型包括按键、旋钮、温湿度传感器、环境光传感器、陀螺仪；

——摄像头，可以采集图像信息用于 AI 图像识别，摄像头分辨率不低于 480P；

——麦克风，采集音频信息用于 ASR 语音识别；

——扬声器，用于播放各类音频，应包括播放 AI 合成的语音、音乐等。

B.2.3 对 AI 运算专用平台的要求

AI 运算专用平台用于编写和执行代码程序，运行内置的 AI 模型得出运算结果，包括：

——边缘计算终端；

——云端 AI 运算服务器。